The Design Method

A Philosophy and Process for Functional Visual Communication

设计方法

视觉传达的哲理和进程

[加] 艾瑞克·卡扎罗托 ◎著
(Eric Karjaluoto)

张霄军 褚天霞　　◎译

图书在版编目（CIP）数据

设计方法：视觉传达的哲理和进程 /（加）艾瑞克·卡扎罗托（Eric Karjaluoto）著；张霄军，褚天霞译 . -- 北京：机械工业出版社，2022.2
（设计致物系列）
书名原文：The Design Method: A Philosophy and Process for Functional Visual Communication
ISBN 978-7-111-61569-9

I. ①设… Ⅱ. ①艾… ②张… ③褚… Ⅲ. ①设计学 - 研究 Ⅳ. ① TB21

中国版本图书馆 CIP 数据核字（2022）第 019851 号

北京市版权局著作权合同登记　图字：01-2021-6259 号。

设计方法：视觉传达的哲理和进程

出版发行：机械工业出版社（北京市西城区百万庄大街 22 号　邮政编码：100037）	
责任编辑：王　颖　李美莹	责任校对：殷　虹
印　　刷：保定市中画美凯印刷有限公司	版　　次：2022 年 3 月第 1 版第 1 次印刷
开　　本：185mm×205mm　1/24	印　　张：10.5
书　　号：ISBN 978-7-111-61569-9	定　　价：99.00 元

客服电话：（010）88361066　88379833　68326294　　投稿热线：（010）88379604
华章网站：www.hzbook.com　　读者信箱：hzjsj@hzbook.com

设计方面的书很难有较强的实用性。在动笔之初，我也因此感到非常沮丧。我不希望书中满是老套的学术理论，更想让它提供实用的方法。虽然理论有时也挺有趣，但它们在现实生活中没什么意义，甚至还会干扰我们。

真正的设计师不应该只是端着杯子，冥思苦想"设计的本质"。他们需要解决实际问题，提升用户体验，促进人们交流，并为客户提供服务。有些设计师会希望有良好的工作环境，探讨一些大事，甚至拥有一堆崇拜他们的粉丝。然而，真正的设计师非常普通。在我看来，他们理想的工作状态是在小隔间的锯台工作。

我非常喜欢极具实用性且不落俗套的设计，这也是我的写作初衷。我觉得设计是一个产生合理结果的过程。这个观点与很多人脑中的设计背道而驰。所以，很多人的纠结源于对设计的误解，这些误解让本来有趣的设计变得平淡起来。本书清晰地描述了从事设计和进行思考的方式。

本书中的内容都是我的一己之见，可能有读者会不喜欢。他们认为，设计应极具探索精神，并且希望读到一本更有个性的书；他们希望我能为设计师提供多种设计方法，以供选择，而不是仅教一种方法。如果你抱着这样的期待，我建议你把本书放回书架。你会发现很多别的书都阐释了常用的设计方法，提供了问题的解决方案，也更加通俗易懂。虽然那些书也很有帮助，但它们仍与本书有所不同。

你可能不太同意我的观点，认为我的方法死板，观点不突出，但这样想你就偏题了。设计师们的想法、审美和解决方案都融入在具体项目中。这些难以确定，甚至无法以清楚的过程描述，这也意味着你要非常努力地为工作引入秩序。

接下来，你会从本书中学到如何创作好的设计。我会教你一种方法来重现你的设计作品。在本书中，你会学会如何让自己成为专业人士，为用户提供明确、易懂、有价值的用户体验。

采纳我的建议后，你的作品会更优秀，相应地，客户满意度也会更高。这也是我撰写本书的唯一目的。

谢谢你选择了本书，我们开始吧！

Eric Karjaluoto

大约 15 年前，我和一个朋友成立了一家名叫"smashLAB"的设计公司。刚开始，我们满怀热情，忽视了很多不利因素。我们在一个小镇上开公司，没有客户，看不到方向，也没有实践经验。更糟糕的是，当时经济状况非常萧条。要成为合格的设计师，了解该了解的，我们不得不提高自身设计能力，开展可行的业务。尽管过程困难重重，还是坚持了下来。这些年，我们在 *ideasonideas.com* 网站上分享经验教训，最近又在 *erickarjaluoto.com* 上开设了新博客。

本书全部内容均来源于我们在 smashLAB 公司的实践经验。我们完成了很多项目，也收获了用户的一致好评。他们夸赞我们设计质量一流。说实话，能做到这种程度绝非易事。公司成立后的很长一段时间，我们面临巨大压力。我深知，设计并不容易，也明白要在维持公司业务的同时，呈现出好的作品有多么困难。不论你是自由设计师还是设计公司的老板，你都会面临这些问题。

本书并不是写给所有人的。那些对产品、时尚和室内设计感兴趣的人可能会发现书中的原则虽然合理，但却不太符合他们的特殊要求。这没有关系。本书是为服务于客户的品牌设计师、视觉传达设计师和平面设计师所写的。为了让它更有用，我举了很多例子，也提了一些建议。这些建议会帮你渡过难关——比如客户不听你解释，还拒绝了设计方案的时候。

尽管大家都能从本书中有所收获，但有些人会比其他人收获更多。例如，如果你是自由设计师或经营着一家设计公司，本书的建议能清晰地指导你更好地提高设计能力。另外，本书也为处在职业选择期的设计专业学生提供了很多常识。读完本书后，你会比别人少走很多弯路。

本书从思维方面开篇。第 1 章揭示出一些常见的设计误区，包括运气、灵感和个人表现力。第 2 章提出了设计应该是什么样的，即设计应该是一种有目的的追求，专注于创造实用、合理的解决方案。第 3 章关注系统思想，并探索好设计中的基本系统观念。这样一来，你便能为客户提供更好的服务。前 3 章中的所有观点和论据都是为后面的行动做铺垫。

接下来的章节阐述了实现设计的方法，内容更加实际。第 4 章介绍了设计方法，说明了如何用设计方法来加深理解、制订计划、拓展思路，并应用它们。在第 5 章至第 8 章阐述了"设计方法"的几个主要阶段：发现阶段、计划阶段、创意阶段和应用阶段。本书这部分详细阐述了圆满完成设计方法的各个阶段。这些章节为我们在 smashLAB 中使用的技巧提供了实例，包括如何提问，如何利用用户角色模型和内容工具寻找灵感。这些例子能让你知道，准备文件和工具时该考虑什么。另外，我在 smashLAB 的一手经验能帮你将这些知识运用到自己的实践中。

第 5 章至第 8 章还阐释了如何在不同项目中运用设计方法，包括小册子、海报等简单的项目，以及公司标志、网站、应用等较复杂的项目（本书与交互设计无关，但略有提及）。尽管本书可应用至很多项目，但它最适合解决复杂的、未详细定义的视觉传达问题。本书的方法对一些小项目不是很奏效，但其一般原则仍然成立。

第 9 章和第 10 章描述了设计的表现方法，并解释了如何将系统程序应用到设计工作室中。设计的表现方式、文档设计方式以及与客户互动的方式能决定某些想法是否能得到客户认可。同样，要想使设计更有序，就必须以一种特定方式运营设计工作室，所以本书也探讨了一些这方面的内容。

在本书中，我写了很多与客户沟通方面的内容。毕竟，是他们使你的技术能付诸实践。

然而，设计师与客户间的互动却极富挑战性。掌握这一部分内容，就能更高效地配合客户，为其提供积极的、富有成效的用户体验。

正如方法本身，本书的编排也遵循一定的顺序。我建议你按顺序阅读本书，因为如果只是随意翻看，你将设计方法运用到自身实践的能力将会降低。随着阅读的深入，你会发现最初的建议适合所有已提出的设计方法。用理论联系实践，本书中描述的观点和设计过程会更加真实，你也能将设计方法很好地运用到自己的作品中。

致谢

写书就像马拉松训练，需要漫长的努力付出，要常备"提神"饮料，还要不停地喃喃自问："我到底为什么要写这本书？"除此之外，最重要的就是，那些容忍我"愚蠢"行为的人们给予的支持。

若不是我的父母——Helina 与 Lauri，我永远无法一边经营工作室一边完成本书。他们教会我如何高效工作，统筹安排。也正是他们的鼓励和支持，我才能进入艺术学校。同样，他们鼓励我创业并相信我能事业有成，让我能够放下安稳的工作，独自出去闯荡。我依然每天都期待着和他们通电话。

感谢我在 smashLAB 的合作伙伴 Eric，他陪我度过 5000 多个清晨的咖啡时光，同我愉快地交谈。我们一起从一无所知到找到有效方法，创作出优秀作品。很少有人能够拥有如此聪明、上进和执着的伙伴。我很感激能与他共事。

Anne Marie Walker 为草稿修改和新书出版付出了很多心血。她敏锐的眼光和细致的观察，使得本书的语言更加流畅。此外 Nikki McDonald、Becky Winter、Mimi Heft、Bethany Stough、James Minkin 以及 New Riders 出版社的其他成员，都很乐于助人，让编写本书的过程充满欢乐。

对于写书，我的妻子 Amea 全力支持。几个月以来，我每晚和周末都在电脑前打字，尽力完成这本书，她耐心地接受了这一切。我很幸运，因为没人像她那样，原谅丈夫不陪伴自己。

感谢 Oscar 和 Ari，这两个漂亮的小子让我知道：设计再出色，但和家庭比起来它们一文不值。他们一直问我还剩下几章，因为写完以后我们就能继续搭建那个火箭模型了。

本书中的所有发现，都归功于多年来支持 smashLAB 的人。我代表工作室的所有人，感谢你们一直以来的赞助。

此外，读过我的博客和之前作品的设计师们，我也要感谢你们。感谢你们花时间思考我的观点并给予我反馈。有些人甚至发来消息，称他们通过阅读学到了一些东西。此类的鼓励非常珍贵，我很感激。谢谢你们！

目录

01 | 第 1 章

创作误区，
拨云见日

设计师们经常会创作一些不合时宜的作品，他们将设计与艺术混为一谈。让我们一起来细数一些常见的设计误区。

理解这些误区

设计并不复杂，就是制作产品的过程。由于设计师的设计内容十分广泛，从物品、信息设计，到动作、构图设计，等等，这使得很难对设计进行明确的定义。毫无疑问，关于设计存在许多不同的理念、判断与误区，且在高效地产出作品方面存在一些分歧。这些误解会阻碍我们创作出好的设计。

需要证据证实误区存在吗？看看设计师们放在公文包里的设计作品吧！纵使外观美丽养眼，设计本身却残破不堪。一些设计师甚至对所有客户给出同一种房屋设计风格（不管是能量饮料站还是殡仪馆），还有些设计师则设计出一些背离传统且根本无法理解的界面，更有甚者设计出华而不实、与品牌理念差之千里的外观。

一旦某些设计想法最先出现在脑海，便很难摆脱。它们与你想要打造的角色相矛盾，打击你作为设计师的信心，进而毁掉整个设计。仅仅质疑这些想法是远远不够的，需要彻底清除。

本章阐释 11 个常见误区并分析它们是如何阻碍设计的。只有认清设计路上的绊脚石，才能摒除杂念，专注于作品设计的重要方面。

误区一：设计是艺术的兄弟姐妹

误区之一就是将设计与艺术混为一谈。在任何一家书店，设计类书籍往往夹杂在艺术类书籍中。（商业类书籍可能单独占据一整层，即使它与设计的联系比艺术与设计的联系更加紧密。）这能够说明一定的问题，往往认为设计就是艺术，但其实它们是完全不同的学科。

之所以将艺术与设计这两种职业混为一谈，是因为它们都离不开洞察力，通常表现为视觉表达，事实确实如此。每个人也许都同意艺术具有探索性。无论是杜尚（Duchamp）品位边界的超越，塔伦提诺（Tarantino）叙事的重塑，还是克里斯托

（Christo）公共空间的再构，所有的艺术都在探索可能的一切。

想象一些设计产品：宣传瑜伽课程的海报、保险续保单、玩具装配说明书。你会关心设计师采用何种创新方法吗？当然不会！每一件设计作品都满足了其功能性要求。视觉处理应当能反映出设计内容而不能与之相分离。

但是别误会，优秀的设计是离不开新颖的设计方法的。我仅仅想说明的是，探索并非设计首要的考虑因素。一件设计作品是否是创新的，令人意想不到的，或是有趣的，这可能没有多大影响和后果，仅行之有效即可。设计与艺术彼此没有多大关联。你务必要独立看待它们每个个体，切忌以同样的方式衡量二者（见图 1-1）。

误区二：创意是存在的

有关设计存在已久的一个误区当属创意：想象数十亿人有着同样的动机，遵循相同的基本模式，使用相同的媒体。尽管存在一致性，人们仍幻想每个个体都具有，不，是被赋予创新思考的能力。正是如此。

图 1-1　左侧代表艺术，右侧代表设计，尽管二者有时发生重叠，但在多数情况下，它们是不同的学科

很难说天才般的想法多久才会出现一次。我预言大多数人一生若是有一次已算幸运。期待每天都有天才般的想法或将职业依赖于此想法是很不明智的。尽管困难重重，你依旧可以看到新颖且令人可喜的创意每天都在发生。由此你可以学到什么呢？也许答案是创意是难以捉摸的、不刻意的。

回顾从前你便得知，只有小部分人可脱颖而出。但是你可曾想过：你或其他人是否很难将信任赋予个体？人类是重组艺术家，相互借鉴、混搭，艺术家们和普通人一样，也做着同样的工作。评估、创造、变化，每一个过程都不会在真空环境下发生。

创意的源泉往往是想象。换言之，你脑海中新奇的想法可能并没有你想象得那么独特。但是，没关系，大多数人都厌倦重复和单调，创作出真正原创的作品是追求的目标。但是，这个目标犹如攀登一座人力所不能及的高峰，是否能到达顶点不那么重要，重要的是攀登过程。

你应该尝试了解客户⊖的问题所在。聆听、观察和思考他们所面临的难题。只有深入地了解客户与其处境，你才能够想到合适的处理方法。切忌过分偏离主题，否则你会错失良机。第 5 章会介绍一些新的方法，使你获取客户信息及影响因素。从现在开始，不要再幻想创造出"独具创意的"方法了。

误区三：与众不同即为好

你的重点绝不是创作出非同寻常的作品。虽然在很多案例中，别具一格的设计成就了优秀的设计作品。选择设计策略时，首当其冲要考虑的是它是否能解决眼下的难题。过分强调背离传统，会使设计师们心烦意乱，将设计推向异端。这种错误导致的不合理设计是无法满足客户需求的。

在艺术界，把与众不同当作理由为作品辩

⊖ 在翻译过程中，将 client 译为客户，即设计公司设计师的直接服务对象；将 user 或 customer 译为用户或顾客，指的是最终的消费者，请读者注意区别。——译者注护。鉴于人们有时并不欣赏新的事物，因此，时常需要挑战非常规作品。例如，社会曾不识天才凡·高，这种失误使得人们后来在放弃一些无法理解的事物时表现得尤为谨慎。但是设计无须打破障碍，它属于应用性实践，用户更关心的是设计能否达到预期的效果（见图1-2）。

独特的方法有其用武之地。面向年轻人的杂志采用非同寻常的排版方法，自行车公司彰显其奇异的风格，这些都无可厚非。但若是观众想要挖掘审美之所在，那就收

敛起你的古怪吧！记住，令人意外的方法并非总是适用。如果投资银行倾向于前卫的广告，市场团队和设计师们应当质疑这种设计是否有意义。

新锐设计师们偏爱于打破前辈的传统，建立属于自己的全新方式。即使设计师们愈发"理智"，这种冲动仍会持续很久。一些说法耳熟能详，"我要突破设计的界限。"然而，独具一格的方法应自发而生，而不应强加在某一设计项目中。

纵使大展拳脚的渴望是可以理解的，但你

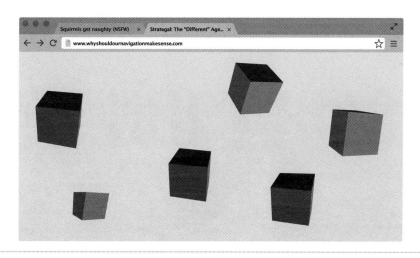

图1-2　早期的网页设计师们热衷于制作出"整洁的"界面。我发现了一件有趣的事情：你必须将光标移动到每一个小方块上才能找到相关的链接网页。与众不同？是的。明智吗？很难讲

要记住，设计师好比裁缝。你的目标应当为放大品牌、组织、产品的特点，抑或是你想呈现的首创精神。一味追求新奇只会让你远离客户需求。你应努力了解具体情境，而不是投身于寻找灵感。

误区四：必须寻找灵感

灵感与复活节兔子有什么共同之处？答案是二者的存在均无法证明。你也许不太认同，因为你多次受到灵感的激发。然而，或许在某一时刻你真切地感到体内有一股灵感在流动，你所做的每一步都顺其自然，创作更是一气呵成。

譬如我自己，我从未坐等想法来袭，从未目击天空被撕裂，也从未擦出闪电般的灵感火花。我想你也同我一样。

灵感的问题在于它的随机性，它让你把希望寄托于你无法依赖的外界影响。这些影响不由你控制，非触手可及，也并不总是能与你手边的设计紧密结合（见图1-3）。随手翻阅杂志、浏览网页也可收获想法，希望你能邂逅一个极好的点子。

进一步探索，思考客户的要求、用户的需要、设计中的阻碍，具体的任务以及作品

图1-3 我爱上了被灵感击中的感觉，它如此"令人振奋"（然而，脑袋上却烙上了印记）

的前景，你会做得更好。只有这样，你才不会误入歧途，因为自设计之初，你已知晓该如何去做。

误区五：才华非常重要

赞扬的话语令人身心愉悦：父母告诉你，你是他们的骄傲；导师在你的作品中看到了希望；老板说你超出了他的预期。赞美、喝彩和认可的内在冲击让你不遗余力地翻越一座又一座高峰。难怪你愿意不断地尝试超越自己。

渴望设计出伟大的作品并非不良的品质，但问题在于在设计中追求卓越可能不合时宜。大胆的创意令人兴奋，简单的想法差强人意，矛盾由此产生。然而，优秀而持久的设计往往倾向于后一个阵营。

你需要考虑你在作品中融入了多少自我意识。你是想获得良好的自我感觉还是解决当下的问题？当你想做出具有开创性的设计时，你的标准可能无法企及，这会使你忽略很多可行的意见，因为这些意见看起来过于平淡。这种心态会阻碍你的思考，

很快，你会认为任何想法都不尽如人意。

在你积极解决问题的时候，思维的火花或解决方案无论出自哪里都无关紧要。简单、浅显、常见也都不再重要。关键是能否有效地解决问题。这才是你该追求的态度，它会让你进入更加良好的工作状态。你开始与他人合作，请求反馈，迸发出无限的想法，因为你不再扮演孤独天才的角色。

记住，客户并不要求你有多少才华。对他们而言，唯一的要求是设计作品足够令人满意。制作恰当的设计是一项艰难的工作。释放压力、解放头脑、自由地勾勒设计的草图、寓乐于中、测试设计的作品。你需要做的就是解决问题。

如果一味地要加入自作聪明类设计师队伍，你获得的可能是阻碍而非机遇。

误区六：设计是一种生活方式

尽管生意人对设计的看法有所改变，但设计师们有时却在阻碍这种改变的发生。一些设计师坚持一种（本意或比喻义）着装

标准。他们精心挑选服饰，以便更好地向他人诠释自身的文化修养。他们甚至嘲笑那些不会用苹果电脑的人。他们不会接任何与身份不相匹配的订单。

就注重外表而言，很少有职业能比得上设计工作。也许这与你选择的职业道路有关：几乎没有年轻人愿意将美好的时光耗费在办公室小隔间里。通过比较，你会发现与那些"制造优雅"的幽默人士一起工作会更能激发人的兴趣。我能够看到逻辑是在此如何体现的。与其他创意性的活动相比，例如杂耍、吞火表演，设计是相对安全的。因此，也就成了完美的"中间"选项：创意自由外加收入稳定。看起来好像是鱼翅熊掌兼得，实则不然。

许多设计院校的作品，如精装书设计、高端社会项目设计以及高度隐秘的私人作品设计，都在向我们传递一种理念：设计应当是有趣的。离校后，这些初出茅庐的设计师们即刻面临着要从美梦中醒来：等待他们去设计的都是无聊的报告、菜单、图表、表单、广告横幅、邮件简报及其他一些乏味的设计项目。这些工作往往要在几

小时之内完成，绝对不会给你一学期的时间仔细琢磨。

尽管有时你会遇到一些振奋人心的案例，你要记得设计是一份工作，而不是一种生活方式。解决了设计难题，在使用中找到解决方案，你会欣喜不已。能收获这些微不足道的快乐当然是件好事。然而，与招聘手册的宣传相比，设计师的一生是很平凡的。

误区七：自我表达很重要

生命是短暂的，你当然想让它变得有价值。无论是臭名远扬、美名远扬，还是渴望创作出有意义的作品，你都要有自己的目标。虽然这些动机是可以理解的，但是，它们会分散你的注意力。实现个人追求的需要会引发矛盾，它迫使设计师要么完成个人使命，要么服务客户。而这会将设计师置于与客户竞争的境地。

科技加剧了设计行业的个性崇拜。曾经的幕后设计师们如今可以塑造专属的个人形象。市场虽然重要，但拥有自己的品牌是要付出代价的。确切地说，你必须创立出

具有识别度的个人风格，这注定你要无限期地做同一种工作，例如你需要日复一日地烘烤一样的蛋糕。彰显个性会使你的设计备受限制，而重复的工作，也许并不适合当前的设计项目。

设计师们就像助推手，目的不是生产自己的产品，或是创立自己的品牌，就是一名幕后工作者。只有当设计作品十分出彩时，才会被人注意到。设计师的工作独立存在，无须解释也无须任何支持。这并不代表设计工作不能带有自我的表达，仅仅需要将客户的目的放在首位，将自我实现置后。

误区八：设计师比客户聪慧

说到设计，客户会做出一些令人困惑的决定。你不应该惊讶，因为对于设计工作，普通人没有多少概念。随着设计重要性的提升，越来越多的人会加入这个队伍，做出不合常规的选择。他们只将所学的知识发挥得淋漓尽致，但对设计师而言，这些知识显然还是不够。客户对设计知识的这种缺乏，不应是设计师有自身优越感的理由。

客户的决定和建议有时会让设计师苦恼不已，因为设计师不想放慢设计速度，不想回答问题，不想清除障碍。不管设计师对作品付出了多少，当他们感到苦恼时，多数还是会抱怨。发泄怒气有益于身心健康，可如果让这些怨气影响到设计就得不偿失了。

设计师始终要认识到，他们所扮演的角色与游客相似。即一些人专注于一个领域，而大部分人都不停地换工作。你是一名游客，你丰富的常识能够帮你完成旅行，但不要误以为自己就是当地人。

拥有专业领域的知识，可以让你不断地换新的工作。然而，不管你进入哪个行业，你都无法完全掌握该行业的常规、非常规变化以及细节。解决方法就是分享各自的知识，提出可行的设计方案。客户与设计师之间最良好的关系应当是双方平等直接的交流，能认可彼此在设计工作中的付出与努力。

误区九：设计师是受众

"我喜欢"是设计中很危险的字眼，无论从谁的口中说出都一样。对专业设计人员而言，这种表达更加令人无法接受。你要把自己从工作中抽离出来，即使注入情感，也要记得你不是受众。

你要避免主观回应。你所做的工作不是为了你和你的客户，而是为了那些真正的产品使用者：顾客、游客、用户。当然，你的客户为你的设计买单，但他们真正的兴趣在于人们如何对设计作品进行解读及回应（见图 1-4）。你应当关注的是终端用户或受众，即便你与他们没有什么共同点。作为设计师，如果你认为你们的感知是一样的，那这是很不明智的。

幸运的是，你有办法扫清障碍。第一，你有感同身受的能力：你可以将自己置身于用户的位置，试着了解他们的处境与需要。这可能包括参观店面，看看他们在做什么。

或者，你可以花钱享受一些服务，了解它们是如何运作的。若是你能够像用户一样思考、表现、体验，你会更好地理解影响和刺激他们的因素（第 6 章会进行详述）。

第二，你可以检验你的解决方法，探索哪种设计的变化能够更好地为受众所接受，调研问题，以便更好地获悉所用方法有效与否。这些信息也许使你改变你一直坚持的设计。例如，你可能会为网站字体设置一个较大的字号，而你本身喜欢小号文字，仅仅是因为所有用户在测试期间都需要眯着眼睛才能看清。

误区十：奖项的价值

如今"获奖设计公司"这几个字已经不再

图 1-4　在客户面前，设计师就是客人。同样，承认你缺乏对情况的了解也是智慧的表现

能代表什么了。随着广告、设计的不断发展，任何想要获奖的人如今都可以"赢得"一枚奖章。颁奖晚会的组织者们似乎在做一种愈发兴隆的生意。为了扩大参与积极性，组织者每年都会绞尽脑汁设置一些新的奖项。

虽然大多数设计师都承认这些奖项没有任何意义，但却不能阻止他们追求奖项的脚步。奖项可以作为有用的宣传工具，也是一种对你引以为傲的设计作品进行赞美的方式。如果每个人都获奖，这些奖项的价值就会令人心生质疑。遗憾的是，一些设计师仍将它们视为其设计作品有效性的证明。

自我会让你在设计之路上迷失，让你陷入对奖项的渴望，阻碍好作品的诞生。正如你所见，那些令人欣喜的广告宣传在颁奖典礼上大放异彩，但是，对于真正为这些广告买单的人却没有太多回馈。想想 CP+B 为汉堡王做的著名设计吧，设计本身搞笑且出乎意料，是颁奖典礼的宠儿。有些人中意此广告，但汉堡王的销量却并没有显现出效果。事实上，根据 AdAge 网站报道，尽管这些广告在运作，汉堡王的市场份额还是从 15.6% 下降到 14.2%。同一时期，麦当劳看似缺乏创意的广告却带来了销售的增长。不要掉入这个陷阱！为了一己之利牺牲设计项目是不道德的。

接手设计任务时，任何设计师都不应考虑他可以从该项设计中获得多少褒奖或得到多少宣传。这样做只会毁了设计，葬送客户对你的信任。已经完成的设计作品则另当别论。若是你有一项已完成的设计，且适合参赛，那么参赛无可厚非。

赢得奖项是自我满足，能让客户满意则更好。实现二者，就会收获颇丰。如果时间和金钱允许，偶尔追求奖项未尝不可。但是，不要欺骗自己相信获奖意义重大。

明确地说，如果你想收获新的业务，请你的潜在客户去吃午餐，这比你追逐奖项更加有效（见图 1-5）。

误区十一：创意人士不应被规则束缚

设计人员渴望被当作专业人士对待，如果

图 1-5　你想要奖杯彰显你的成就？为什么不参加当地的某个俱乐部、保龄球联合会，或者钓鱼大赛？这些活动都会颁给你一个奖杯

让他们按规矩办事，做一些司空见惯的工作，他们就会抱怨。大体上，设计师都似乎觉得他们的工作天生有趣又毫无拘束，很难想象会计会对他们的职业有相似的期待。

你也许不喜欢在工作中被迫遵守每项要求。可以肯定的是，即使是会计人员偶尔也会回避规则。但是如果你想在重大问题的决议上有发言权，最好忍受这些束缚。当你参与大型设计项目时，与他人合作，抑制个人想法是必不可少的一部分。

为了打破人们对设计行业的偏见，你要加

倍努力地工作。但无论你怎样做，偏见始终存在。在许多人眼中，设计师喜怒无常，捉摸不定。想要抹去这些偏见，你要提早到达会议室，清晰地说出你的策略，阐明有个人风格的目标，记录你的决策，用理性面对一切。

你只需要做自己。不要让你的陈述与方法阻挡你要成就的事业。当你专注于呈现一份好的计划书时，你不会希望客户被你的奇装异服所吸引。幻灯片的演示过程也一样，你想让客户记住的是幻灯片的内容还是你的播放方式？

误区的代价

一些设计师认为设计犹如风靡一时的时尚。他们分不清什么是设计，什么是艺术。他们把创新与个人意见作为关键考虑因素，这些习惯与误区会影响设计，最终产生劣质的作品。

本书中包含一些你需要了解的常识。设计师们往往讨厌重复的过程，期待以浪漫的方式进行创作，而且不必像工作要求的那样表现果断。为了创作好的设计作品，取得事业进展，你要摒弃这些错误观念，找到更加理智的工作方法。

通过阅读本书，你会学到如何做出改变。本书不仅是一本有关实现目标与方法的著作，同时也在提醒你要严格遵循有序的思考。

接下来

随着以上创作误区的揭示，你可以更加了解设计的真面目：这是一个解决问题的过程，最终实现目标。下一章我将进一步介绍什么是设计，以及作为设计师，你应有的期待是什么。

02 | 第 2 章

The
Design Method

针对目的，
创造设计

作为一名专业的设计师，你对创意领域的误区有了一定了解。你专注于实现有序的设计，创作功能性作品，提出恰当的解决方法。你不再担心设计的外观，而开始分析它的实际用途。

功利主义追求

设计师如同一名管道工。当然，与艺术家们一样，你的工作是与想法、信念、洞察力打交道，但又不同于其他的创意追求。在多数情况下，你就像管道工一样，需要检验故障，解决实际问题。想象一下你家的天花板滴水问题吧。即便你邀请的管道工对探究满怀热情，脑海中充盈着大胆的创新方法，但这绝对不是你雇用他的理由。你仅仅需要他发现问题、解决问题。

设计离不开探索，但它是有结构的探索。设计有属于自身的起始点、运行轨道以及许多充满前景的路线。例如，你需要创建一个帮助员工协同工作的 App。虽然你对该技术的实际运用有一定的想法，但你不确定什么才是最合适的方法。因此，你需要面见管理层与员工，观察他们是如何交流互动的。最有可能的是，你询问他们需要做什么，以及面临的难处（例如，文件丢失、重复的联系方式、不一致的处理过程）。这种调研会让你的方向更加明确。

虽然你的路径仍没有完全确定，但随着设计项目的推进，它会愈发清晰。

由于几乎没有确定的方式衡量创意性，因此大部分创意设计是很难鉴定的。（如果你不明白艺术家希望表达的思想，你怎么将其雕塑描述为"好"呢？）然而，设计是可以判断优劣的：你可以将设计投入使用，检验它的模式与效果，最终判定它是否实现了预期。数字营销分析、销售数据、用户反馈、社交媒体分析以及其他数据有助于断定你是否成功达到了预期目标。

追求创意包含探寻未知领域以及期待新的发现。你，作为一名设计师，从事的是一种非常系统的实践工作。你的工作就是调研、规划、洞察、测试、衡量以及循环往复。创意无限，但是设计有限。你要确定目标，提出利于问题解决的行动路线，以获取解决方法，而这些方法的有效性则需要通过它的实用性来衡量（见图2-1）。

图 2-1　我曾在一家餐馆吃午餐，店里的盐罐及胡椒粉罐的设计非常糟糕。不但不利于分辨两者，反而更容易混淆

形式遵循功能

你想在众多设计师中发起一场热烈的讨论吗？如果答案是肯定的，那么询问一下设计到底是形式还是功能？一旦争议平息，大多数人会认为，设计是两者的结合。尽管这是一个可靠的答案，但是它将两者置于同等地位，掩盖了一个事实——在设计领域，形式外观是功能的附属品。无论设计外表多么华丽，不能达到预期目标的设计是失败的设计。然而，外观丑陋但实用的设计作品仍然有用。最好的设计既能够实现预期目标，又能自然地呈现在人们面前。

由于个人偏见，提到设计，你首先想到的可能是形式。大多数设计师太过信任自己的双眼，即使外观并不是设计中的重要因素。只有将注意力集中于你的设计作品将如何被使用，你才能创作出更加有效的作品。看看房子里的美丽物品吧。因为有更好用的物品，其他的一些则闲置不用：祖传茶具被遗忘在高架上，而印有"全世界最好爸爸"字样的可微波加热的马克杯每天都在使用；需要干洗的亚麻裤与易洗的

牛仔裤相比，不再那么受宠；数码单反相机由于体型笨重已布满灰尘，相反，带摄像头的智能手机却与你形影不离。

日常使用的许多物品都具有功能性特征，而这些往往都被你所忽略。叉子的作用是将食物送入口中；桌子的作用是提供稳定的平面；鼠标的作用是助你畅游数字世界。实用目的存在于设计师设计的每一件物品里：图书封面可以引发读者好奇心；视频可以建立情感联系；企业识别系统可以向消费者提供品牌信誉保证。

外观具有吸引力的设计是令人愉悦的，但对于设计作品应发挥的功效却没有必要的保证。用户可以忍受有缺陷的外观，只要与其他备选相比，它更加好用就行。想想软件的测试版，为了获得实用效益，用户对其原始外观表现出了宽容。例如，Craigslist 网站，即使用户体验略显粗糙，它也无处不在。是的，设计作品可以具有更加优秀的外观，然而，设计元素却没有你想象得那么重要。

自我克制

你所担当的角色要求你暂时忘记个人感情的存在。尤其是冲动，你需要格外留心。它会混淆你的判断，阻碍你实现目标。想想你购物时做出的一些糟糕选择。买一些看似很棒，又或许与众不同的衣服是件有趣的事。但是当你把衣服拿回家，发现它们并不能满足你的需求时，这种兴奋感随之消失。我拥有各式各样的衣服，它们穿在模特身上都很棒，但是它们与我的穿衣风格大相径庭（最终它们几乎没被穿过就放进了衣物捐赠箱）。

作为一名设计师，如果首先想到的是外观，你就犯了同样的冲动性错误。你的客户向你描述他面临的问题，你当然想帮他处理好。客户抱怨品牌知名度不够，你便立即着手变更商标图案。这种行为反应可以理解，但是却不够成熟。克制自己，首先要了解更重要的背景情境。真正的问题可能在于公司内部缺乏目的性、理念冲突或是市场饱和。只有当你了解客户内外的全部境况，做出修正问题的计划后，你才会想到视觉效果的实现。

事实上，我在建议你练习克制冲动，避免随意走捷径。我承认，多年以来，我有点得意忘形。尤其当我发现一些新的视觉表现方法的时候，总会迫不及待地尝试将其应用到我的设计作品，即使没有这种必要。许多次，我冷静下来，做出了正确的选择：在速写本上记录下我的"无杂念"想法，解决了客户的问题。

在设计作品时，倘若你首先想到的是功能，你将会做出更好的决定。在选择颜色、字体、视觉图案之前，问问自己这种选择有什么作用？这样做能使你更好地"对症下药"？这一点在事后看来会更加明显。你如何更好地向客户解释你的解决方法，让他们认同你的逻辑是合理的，这些可以衡量你的解决方法是否见效。

当人们拿出工具进行设计的时候，每个人都钟爱创意那一部分。将功能置于一旁，直接跳入视觉设计阶段会使你前功尽弃。因此，首先应解决功能问题，接着再考虑美观的事情。

寻找问题

设计并非创意，它关乎解决问题。无目的地创造一种新形式就如同游戏一般，有趣但毫无意义。相反，应该考虑问题情境，询问客户及最终用户的问题是什么。这么做有助你做出更好的选择。

大部分设计师尝试规避问题，这样只会让你错失良机，而采取相反的方式对你最为有利。设计中的重要部分始于零散的问题，例如客户正在努力克服的障碍、用户深感失望的地方，以及有关市场的错误概念。对于新成立的公司而言，它们的问题往往在于如何定位自己，如何获得一定的市场份额，以及如何发现竞争者的弱点以协助自身发展。发现关键问题之所在，在计划与设计方案中呈现出来，这就是你需要做的所有设计。

德鲁·休斯顿（Drew Houston）是麻省理工的一名学生，他经常忘记带 U 盘。为此，他不断寻求解决此问题的技术。不幸的是，他找到的都是一些既笨拙又麻烦的工具，于是，他开始进行自主创造，Dropbox 虽然只能满足部分需求，但在多数情况下，它为人们分享与访问文件提供了一种便捷的方式。到 2012 年年底，该软件的用户已超过一亿。

处理问题非常简单，你仅仅需要将它们找出来，了解它们，然后做出计划去解决它们。值得注意的是，如何将这些观点运用于实际？这样做的原因在于设计并不是一味追求新颖和差异，相反，它提醒你确定缺陷与不足，最终促使你找到解决问题的方法（见图 2-2）。这就是你需要做的一切，但是不要欺骗自己，足矣。

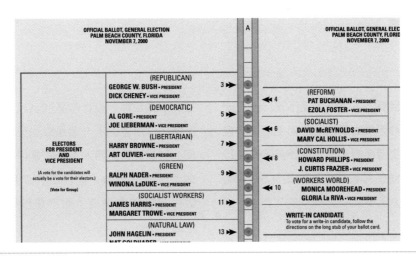

图 2-2　由于 "蝶形选票" 中的混乱设计，历史进程在不断改变。优秀的设计师应当解决这些问题，让用户对产品功能有更加清晰的认识

角色扮演

有时，设计师不知道怎样定义设计工作。也许你认为你所扮演的角色相当明确，但是很快就变得模糊起来。设计师不同，行规不同，对优秀设计作品的定义也不同。无可否认，若要让我解释我的工作（随后会有详细介绍），我会变得结巴。

设计培训为你提供了许多的职业可能性。行业趋势、道德律令（例如社会、环境驱动设计）、生活方式的选择都在你渴望实现的目标之内。如此众多的选项无疑会产生冲突的目标。每天，客户都让你专注于单一目标，随后他们便改了主意。同时兼顾这么多目标会让你力不从心，你开始不确定到底要追寻哪一个目标。

尽管影响因素众多，但是你扮演角色的职责很简单：产出结果。为了达到客户要求，你可能需要创建网站、组织广告活动或者设计其他产品。有时，他们可能需要你设计出一种虚拟产品，如命名系统或者

社交媒体战略。设计作品的表现形式并不重要。你所做的不一定是你想塑造的，相反，对设计师而言，重要的是你实现了什么。在客户眼中，宣传册的作用是不断吸引更多的消费者，而不是仅有华丽的外观。

你公文包里的设计作品集如同纪念品一般，它们可以证明你的付出，你或许甚至可以因为它们变得出名，但它们都不是职业生涯中最重要的部分。犹如生命短暂的蜉蝣，它们只能帮客户更加接近目标。衡量你是否是一名优秀设计师更好的方式在于你是否有能力加速创建过程，设计出满足客户需要的作品。（你的老客户和新客户是否总将你推荐给同行，通过这一点，你便可以了解自己是否是一名优秀的设计师。）

通常，人们会认为设计师扮演着随心所欲的角色，但事实不同于人们的想象，设计

需要更多地联系实际。你的作用就是解决问题。重要的不是获得知名度，形成自己的设计风格，为现实世界的谜题寻找答案才更有意义。你理清头绪和素材，进行审核，随后组装，直到完成。

你的角色迫使你要从容地将视线从大问题转向最细微的问题。很快，你就开始问一些战略性问题，尝试理解用户，预感采取何种方法才能应对具体情境。接下来，你可能会提出具体问题，例如，设计中的元素应该分别选取 10 还是 15 个像素。这种犹豫会让你的工作变得更加困难。即使你为寻找到设计方向而兴奋不已，并且投入了大量时间，你也始终应当进行分析。一旦你选择的方法不恰当，你就不得不放弃已完成的内容，开始试验其他方法。这很艰难，因为你不得不选择放弃，做额外的工作，这对你来说肯定是不划算的，然而，这就是你的选择。

避免模糊

有形的设计定义起来更加简单：一个不漏水的茶壶，或是一支使用起来非常舒服的钢笔。产品设计师面临诸多挑战，但至少在设计结束时，一件作品会出炉。

在视觉传达设计中，最终可交付的成果并不那么显而易见。有时，你的任务是创作文字商标、简报或者产品目录。有时，你需要想出一种难以预料的解决方案，例如产品定位、思维方式设计，或者"外观和感觉"设计。你可以想想 Kastner& Partner 公司为红牛所做的设计。该公司几乎没有改变红牛前身的设计，却改变了其品牌定位——振奋身心。饮料瓶身印着以下字样："你的能量超乎你的想象"。从那时开始，红牛变为标志性品牌，似乎"控制"了极限运动。

科技改变了世界，同时也带来了新的视觉输出与平台，这使设计变得模糊不清。虽然客户的脑海中可能存在具体的可交付产物，你仍然需要运用反绎推理法质疑是否

存在更加有效的替代品：观察情境，提出可能的假设。设计师卓越不凡的一面，就是透过客户问题的表象，有深入的发现。例如，与其说红牛需要一个商标，倒不如说它需要的是象征物。约翰内斯·卡斯特纳（Johannes Kastner）选择的营销方式是：红牛，远远不是瓶中的饮料那么简单。尽管很多人不喜欢红牛的味道，但2012 年，红牛为欧洲创造了 42.5 亿欧元的税收。

你所采用的设计方法能够使你的客户更好地为最终消费者（用户）提供服务，改变人们对其品牌的认知。无论如何，设计作品最终可交付成果的可变性，使得设计很难进行。你必须向潜在客户提交一份合同，且注明计划的不确定性。当然，一些客户会提出一些具体要求，例如，设计商标、应用程序或是手册。其他客户也可能会有一些需要，只是不知道如何表达。

我们公司正在处理一个类似的未确定项

目。某个旅游机构想建一个新的访客中心。对于该中心的室内设计，该机构已有了自己的计划，不仅如此，他们想在访客体验中加入数字工具。该机构十分了解数字工具的用途，却不知道该采用何种设备、技术及特色。在给出该中心整套数字工具的价格或可交付产品清单之前，我们也需要一个计划。因此，我们帮助这个客户选出最好的方式，以满足访客的需求，以及协助制定访客行程的顾问需求。需求与潜在的解决方式确定后，就可以考虑价格与交付细节了。

有些设计项目收尾节点难以界定，项目在进行过程中就会不断发生变化。计划出炉后，你会发现有些方法并不奏效，或需要修改。这才是你存在的价值——协助客户发现需求，创建计划，出现障碍或者更加优良的选择时，及时做出路线调整。

设计项目的可变性使得遵照一致的设计流程变得尤为重要。你或许无法确切地知道最终可交付的结果，但是你可以控制自己采用的方法。我将设计中的规划与创意阶段比作在这个世界中自由行走。了解最终目标的导向，以及知道如何实现最终目标，有助于你了解不熟悉的领域。有了明确的方向，加上良好的设计过程，那些让设计师抓狂的模糊概念就会变得清晰许多。

创建秩序

设计是产生结果的过程。在这个过程中，你有几件重要的事情需要完成。首先要创建秩序，包括在众多品牌家族中建立组织结构，决定展览中的展品的序列，或者在交互设备中形成操作惯例。设计完成后，最终使用者或者用户会发现，你设计的产品给他们的生活带来了很大的便捷。

人们寻求秩序，使用自身能找到的线索了解所处的情境。例如，路标与指示牌能够帮助游客在陌生的环境中到达目的地。设计优良的界面为用户提供了熟悉的方式，让他们了解自己可以做什么。用户知道带有字母 X 的圆形或长方形按钮可以用来关闭页面和终止进程，他们也清楚灰色的文本框是无法操作的。同样，随着游戏过关升级，许多游戏会告知玩家新的游戏情境，这样，玩家们就会知道游戏在新的情境中会如何发展。

这是一个越来越离不开设计的世界，App Store 有超过百万的应用，互联网上有超过五亿个动态网页，Kickstarter 为数以万计的草根项目提供了资金支持。科技的不断发展、分发渠道的分散化使得以用户为导向的设计体验数量愈来愈多。用户对你设计作品的回应积极与否，表明了你作为设计师，是否创建了足够的秩序。

人们期望设计作品能让生活变得更加美好，但是只寻求量的累积只会起反作用。你有多少次在自助加油站询问自己，"为什么它如此让人摸不透？"这种困惑源自广告中的错误信息。用户不仅需要确定产品目的与使用方法，还需要检验销售人员的介绍是否准确。你的工作就是创建秩序，减少用户遇到的阻碍以应对上述情境（见图 2-3）。

从某种程度来讲，你通过为用户提供可识别的提示做到了这一点。如果信息十分重要，用户会期待文本使用加大、加粗或者大写的字体。洗手间标志与箭头指引着有"紧急"需要的人寻找到合适的设施。交

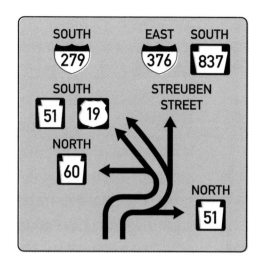

图 2-3 让我们先说好，就算设计不出整洁的作品，那也要尽力避免设计出如此混乱不堪的作品吧。你觉得怎么样

互元素可以用来指导用户，让他们知道哪些按钮可以点击或者按动。车轮碾压到路面印痕时有噪声产生，旨在警告司机开错了车道。

寻找提示无须刻意去学习。事实上，用户天生便有这种能力。用户可能看不到你采用的一些方法，但并不说明这些方法不再重要。排版层次（通过字体尺寸大小表明其重要性）可以使读者更快地了解阅读内容。改变固定模式意味着某物会引起用户的关注：回车键就是一个例子，它比键盘上的其他按键尺寸略大。同样，电视遥控器的形状和材质说明了它应当如何被握在手中，这是很便捷的提示，因为在光线很暗时，你只能通过触觉找到遥控器。

想要建立秩序，首先，你必须通过定义规则、分类、底层系统来创建结构，它们会帮助用户了解遇到的情境。设计得好的产品能让用户了解其使用规则，理解其含义，然后记住这些特征。设计系统的规则一旦形成，任何改变都会使用户感到困惑不解。这也就是为什么 Meta[⊖]网站的设

⊖ 2021 年 10 月，在年度 Connect 大会上，Facebook 宣布正式更名为 Meta。——编辑注

计师们想要做更好的改变时，用户会变得愤怒。无论改进的设计有多么好，人们还是不愿意重新学习使用规则。物品间的分类与邻近能够说明彼此间是否有关联：如果网页菜单里的项目名称与图片分隔太远，我会感到很沮丧。

若是设计优良，指示器与提示可以指导用户，然而，缺乏秩序的设计将会生成前后矛盾的信息，让人们不知该如何应对。混乱的信息随处可见，想想你在建筑物中看到的红色出口标志灯。出口标志本身象征着安全通行，但是红色意味着"停止"或是危险的信号。很多地方，这种红色的出口指示灯已被绿色慢跑姿势的人形图案代替（见图 2-4）。这种改进有两个优点：不会本地语言的人们能够理解，绿色总是与"通行"和"正确"联系在一起。

用户经常遇到相互矛盾的设计信息：模式窗口中的"是"与"否"按钮，更改设置的界面按钮，你需要推开装有拉手的门。这些让人无法察觉出的矛盾与匮乏秩序之处，只会让人困惑且不悦。若能让秩序成为你设计作品的关键，用户将对你感激不尽。

图 2-4　尽管这两个标志看起来都很合理，可是对那些不懂英语的人来说，你认为哪个更容易理解

设计有用的作品

作为一名设计师，在你追求的诸多目标中，最重要的就是设计作品的可用性。音乐会海报应该包含关键信息，吸引目标观众，制造兴奋感；护照申请单必须能够收集精确数据，为申请人和办理人带来便利；博客内容需要便于浏览阅读，可能的话最好符合时代潮流。设计看似关乎创意理念，实则是为生活带来便利。

设计师喜欢平等主观地看待所有设计理念（尤其是谈到创意追求时）。当你想设计出具有表现力的作品时，这一点无可厚非，但是如果你想实现这个目标，就没那么合适了。例如，安迪·沃霍尔（Andy Warhol）的艺术电影《睡觉》（Sleep），没有任何情节。（因为电影长达近六个小时，你可能认为它应该配有故事情节。）即使你不认可这种做法，也会有人为电影的关联性进行激烈辩解。真难想象有人为外表华丽但不能盛水的新玻璃杯热情洋溢地辩解！

你需要留意设计的真正用途，尤其在你考虑为设计添加不必要的元素时，是否一定要这么做？是的，你可以实现浏览器窗口抖动，但是这种抖动能否为用户带来更好的体验？你当然可以将全息图片印于名片，但是这种诡计会帮助名片接收者阅读到联系方式吗？当然，你可以加入 skeuomorph（可以让设计模拟其他材质），让你的 Web 应用变得与他人的相仿，但是这种做法能够改善用户与软件间的交互吗？如果添加到设计中的元素不能协助最终目标的实现，那就抛弃它。在大部分设计案例中，抛弃这些不必要的元素会诞生更好的设计作品。

现代科技为人们提供了很多选择，以至于我们很难判断哪些才是重要的。想要完成一件设计作品并获得成功，你需要编辑或者移除任何不必要的元素。编辑过程为设计师提供了大量的机会。你无须添加新的特性、功能、图案或是内容，看看你可以简化什么，删除什么。iA Writer 文本编辑器就是对此最好的证明。用它进行写作令人心情愉悦，因为设计人员删除了许多特性，为写作者提供了简洁的、不会分散注意力的界面。作为一名设计师，你要记得你所认为能够增强设计的特性，事实上可能是多余的——对它们进行编辑会产生更好的设计方案。

虽然设计离不开浮想，但偶尔的限制会使你的效率变得更高。身为设计师，让设计变得明确、达到预期目的、去除冗余是你的义务。最终，你只需要设计出有用的作品。这看似简单，实则不然。如果你的设计作品能够达到预期效果，你将比你的同行更成功。

实现适用性

好的设计方案对客户来说如同一套剪裁合身的西装，重要的是穿衣人（用户），并非衣服本身（设计）。许多设计师认为想法是否新颖，设计的作品是否好玩是衡量一名设计师水平的标准，但是，这种观点是错误的。设计方案中随机的、奇异的以及出乎意料的方法都不是必要的创新。真正改善生活、带来进步、全球受益的设计方案都是非常简单的。例如，人性化的外包装看起来并非令人欣喜，但却利于运

输，同时能够降低费用，保护环境。再如，会说话的汽车最初看起来是一种独具匠心的设计，但不久之后，人们就发现它只不过是让人愤怒的鬼把戏。不要将奇特的方案与创新的设计混为一谈。

想想那些早期的网站，它们备受媒体批判。设计师在网站中加入了看似具有科技工艺的视觉效果，例如，闪光、鲜艳的线条、棱角字体以及不近人情的主题。这

些效果在电影《黑客帝国》(*The Matrix*)中都是有效的手段,但是运用到网页界面中,便不再那么奏效了。几年之内,如此不合时宜的鬼把戏便会销声匿迹,取而代之的是更加恰当的设计。搜索引擎与电子杂志相似,设计会围绕搜索栏进行。同时,字体对网页也更加友好。而过度设计的软件也需要移除无关的特性与元素,让功能为先。

这并不是说要让你的设计变得与众不同,而是为你所呈现的设计找到最佳形式。你的设计可以挑战传统,但是挑战传统的原因应当是设计需要,而不是刻意为之。

微软公司曾耗费了数十年的时间模仿其他公司的产品。添加半透明效果、金属纹理、反光效果,但对图形用户界面(GUI)的提升没有起到任何作用。最终,微软公司的设计团队做出了大胆的尝试:除去了所有的修饰效果,展示了一个全新的设计理念——METRO(如今的Modern UI)。新的理念专注于简明、提供信息、大号文字、直观效果及流畅的动画。尽管是将过去采用的设计方法衍生并拼凑在一起的,但这种新的方法应景而生,致力于更具逻辑的数据展示。

如此合理的设计方法为微软带来了可能曾经错过的最有利的资产——属于微软自己的标识。设计业与新闻媒体大力赞扬微软的新设计机制。该机制成了微软Windows手机操作系统与Windows 8操作系统的核心设计理念,也渐渐融入了微软的广告和其他市场。忠实的苹果用户也不得不承认微软新系统带来了惊人的体验。

没有事物能够恒久地进步,因此,这不是你努力的主要方向。尝试"创新"不会产生大的飞跃,它只会告诉我们要诚实努力地付出,找到需求,解决问题。仔细思考问题存在的原因,想方设法去解决。只有这样,才会实现恰当的设计——使用频率最高、使用时间最长的设计。

发现可能

设计的魔力往往在于独特的发现。了解情境、考虑用户、检验使用模式，你就会发现机会所在。如果你能够完全掌握设计作品的情况，你就更有可能看到其他人忽略的一面。

想想改变游戏规则的广告战役——"喝牛奶了吗？"20世纪90年代中期，加州牛奶销量不断下滑。加州牛奶加工委员会向广告公司GS&P寻求帮助。当时牛奶广告主要针对吸引新的顾客群，然而GS&P的广告目标却是现有的牛奶购买群。当时，人们认为牛奶只是黏性食物（如花生酱三明治）的补充食物，而并未意识到饮用牛奶可以使身体变得更加强壮。

研究人员了解到当人们吞咽糊状或干硬食物时需要就着牛奶，而那时一旦牛奶刚好喝完了，人们就会觉得很不安，甚至沮丧。这就是广告的卖点，即人们急需牛奶，牛奶供不应求。广告画面加上标语"喝牛奶了吗？"俨然成了一种文化符

号，该广告在全美引发了超过90%的关注度，增加了销量，且授权于全美牛奶加工商使用。

有时，客户会让你设计他们根本不需要的作品，因为他们无法辨别可交付作品与最终作品的区别。例如，如果客户想增加销量，他们可能会让你设计一个新的网页，在他们眼中，这样做很有意义。然而，促销的强烈愿望与客户要求的可交付成果可能并无关联。许多出于此目的建立的网站可能不会带来新的业务。指出客户的要求与其期待之间的不一致是你的义务。为了实现客户目标，你应该提出其他方法。

你不能将客户局限于事先决定的可交付成果，尤其当更能满足他们需求的成果存在时。正因为如此，你需要将自己从客户要求你设计的作品与你想创作的作品之间抽离出来。想想什么是解决问题的最好方法（见图2-5）。想要创建新网站的客户可能

图 2-5 加拿大纸币上突出的小点可以表明面值大小。对于加拿大一百多万名盲人患者来说，这是多么美妙的设计元素

仅仅需要雇用更多的一线员工，希望打广告战的公司可能只是需要提高产品的功效，期待你设计应用程序的人们可能更加需要价格实惠、支持更好的现成的软件。

设计的价值远不能用最初投入的时间与金钱衡量。设计的革新可以影响一个公司的运作方式，与顾客互动的方式，或者品牌定位的方式。为了帮客户实现最大价值，

你必须不断对方法进行调试。严谨思考，为客户寻求更加可行的方案，你的角色就变为值得信赖的顾问（第 6 章会对此策略进行详细介绍）。客户会大为称赞你无人企及的水准，而他人却只会按部就班，遵循他们的号令。你创造的价值不仅限于你所设计的作品，而且有助于你的客户更富有成效地了解该解决方案。

设计无处不在

曾经有发型师问我是做什么的。她对"设计师"这个词汇比较陌生，我开始努力解释我的职业。因为设计职业包含了广泛的特性，我不得不停顿了一下。设计并非某些新潮事物，人类为之久矣。从某方面来讲，设计只局限于工具与外观的创新。之后，设计才专注于产品、传达与展示。然而在数字时代，设计更倾向于塑造人们彼此交流的方式，执行任务，甚至展现自我。你通过社交网络与朋友相互联系，通过交友网站遇到潜在的另一半，以及通过在博客中发表个人见解和在网络上进行创意展示来接收新的设计订单。

我找遍了整个发廊，希望能找到我设计作品类型的代表。不幸的是，除了展示新发型的滑稽海报，我什么也没有找到。于是，我开始转向发型师使用的工具：梳子、刷子、电吹风与夹子。我向她解释道，有一种人设计了她所需的所有工具，还有一些其他不可见的设计，例如，帮助我找到理发店的网站，安排理发时间的预订系统，处理交易的支付终端，以及吸引我再次光顾的优惠卡。不仅如此，游说组织、为无聊夫妻打发时间的出版物，这些都源于设计。

对商业机构而言，优秀的设计有助于推广品牌，改善工作流程，增加销售量。但是设计并不仅限于这个层面。慈善机构通过设计能够更好地接近、吸引捐赠者。社区通过设计为成员提供更多更好的工作机会。学校通过设计为学生提供满足需要的指导。设计的关键在于目标的实现。不要欺骗自己认为你在制作产品，其实，你要知道，你的作用是帮助作品发挥作用。

接下来

在很大程度上，设计目标的实现源自将系统思想应用于你的作品。在下一章，我会展现这种主要方法如何为设计方案提供内聚力。你还会发现设计中系统思想缺失时，一些实际发生的例证。

03 | 第 3 章

The
Design Method

全盘考虑，
有条不紊

作为一名专业的设计师，你必须将系统思想贯穿整个设计和实践过程。它会帮助你做出决策，聚焦要点，以及更好地为客户服务。

全盘考虑

系统思想为我们看待事物间和相互影响、相互配合提供了一个视角。本书大部分内容对此都有涉及。你不能只关注设计的一个方面，而是要看到所有变量间如何相互配合从而影响整个设计过程。倘若你的设计项目各部分一开始是独立运行的，随后才被迫彼此协作，隔阂便会随之产生。全盘考虑可以有助于你弥补隔阂，创作出更具生命力、适应性和可用性的设计。

本章突出强调系统，它在设计工作中体现颇多，而且经常彼此交叉。系统有助于创建一个具有内聚力的设计生态。系统不仅针对客户及设计中采用的方法，它同时与你如何组织工作、管理文件及替换文件密切相关。建立秩序，佳作便随之诞生，创作出更具影响力的设计作品也非你莫属。无论是你为项目设计的图形，还是为客户设计的外观，都是设计系统的一部分。第10章中，我会给出一些例证，介绍如何将系统化方法应用在日常设计中。

系统对设计过程非常重要，正因如此，你需要将每一个设计决策联系起来。这样，你将不再是一名孤独的工匠，而是对设计工作有了更深刻的理解。一旦将系统运用到设计中，设计立刻变得清晰。你会发现，之后所有的设计项目都离不开系统。系统思想使凌乱不堪的情形有结构可循。

设计变得凌乱

设计一件作品，你会面临许多冲突的观点、方向与期待。如果你只是循规蹈矩，设计或许看起来相当容易：卡车商标、彩虹商标、芭蕾舞女商标？没有问题！一个有着闪烁背景的网站，一个旋转的猫王芭比正骑着泡菜？也不错！但你绝不是那种设计师。你的设计为客户创造真正的价值，提升用户体验，同时设计本身有着清晰的设计思路、合适的应用。实现所有这些目标并非易事。

一些公司经常让设计师变得手忙脚乱：客户希望快速解决问题，即使问题本身已根深蒂固（见图 3-1）。解决这些问题，他们需要优先考虑市场前景、商业规划及市场策略。客户对于新设计产品的期待同样

图 3-1 失败的设计经常如此，因为没有提出正确的问题。例如，此对话框有许多功能，但并未使用户的选择变得直观

显得不切实际（经常有客户要求我做出可以引起轩然大波的广告视频）。人们往往认为设计是一次性交易，有始有终，而非一个需要持续对话的过程。这些观点告诉我们关于设计的不连贯的想法是如何产生于实际，以及它们是如何给设计师的工作增加了复杂性。

大部分人都不曾了解设计的真正含义，这也加深了他们的困惑。设计被看作一种装饰工作，犹如主体作品完成后，在其表层刷一层亮光漆。这也就是为什么潜在客户对设计服务成本如此困惑。大部分问题已经解决了，设计师仅仅添加一些元素"让设计生动起来"或是"加入一些流行元素"，当然不可能有如此之大的花费。虽然这些评论可能听起来令人沮丧，但存在这种心态是有一定原因的。

每个人都很忙，那些公司的经营者更是如此。除了资金流动、市场营销、人力资源之外，他们还要处理很多其他的事情，以至于他们没有时间阅读书籍、研究设计案例。这也就是为什么有时对一些公司而言，品牌化、设计与用户体验总是被放在

"稍后处理"的位置。这有点类似于将所有收据放在一个盒子里，只有纳税时才打开看。混乱的结果源自没有提前建立设计系统，而在之后，你便有更多事情需要分类、理解、处理，你非常有可能变得手忙脚乱。

人们可以做出严格的财务决策，却很难将严格运用于设计，尽管设计可能对公司的基本情况存在非常真实的影响。如果不考虑设计的真正意图，设计师做出的设计决定可能古怪异常、漫不经心、充满情绪。客户将设计弃置一边，只在极度需要时才进行处理，这使得他们在有项目要完成时会对未来产生不必要的恐慌感，而无论结果如何。此外，客户会观察并试图超越对手，却从不问顾客最需要的是什么。缺乏目的最终会让他们失去重心，做出冲动的选择，产生不良的结果。他们没有花费足够的时间考虑每种选择的影响，就做出仓促的决定。设计元素间彼此毫无关联，以致许多其他元素看起来像是偶然拼凑的。设计要素间功能彼此交叉，信息相互竞争，这会使顾客困惑，也使品牌变得廉

价、定位模糊不清。那些不能将设计融入计划的人未来必定会面临无尽的痛苦。

品牌设计公司经常需要处理一系列草率的决定，这些决定会阻碍公司未来的发展。尽管对那些不经意的决定，似乎无须设计师特别留意，而我却花费了大量时间帮助一些公司解决这些问题（多数情况下，这些都是"历史遗留问题"，直到"无药可救，病入膏肓"时才会想到找我）。公司创办者在为公司命名时，经常仓促决定，忽略了潜在收购、方向性调整及姊妹品牌间的关系。同样，看到精湛华丽的商标，他们兴奋不已，但是却忽视了所谓"优雅"的商标是否适用于所有情境。各部门都想拔得头筹，网页设计便成为一场激烈的战斗，然而，他们却忘记了使用模式与用户需求。当广告机遇降临时，公司才意识到他们不知该说些什么或该怎样说。因此，他们匆忙创作出一次性广告，没有考虑长期目标与目的。问题不止如此。真正的阻碍源于这些公司不能将设计、市场、其他品牌元素视为设计系统的一部分。

作为一名设计师，你不得不考虑各种方法如何相互配合，以及构成设计系统的组成部分。只有这样，你才能让设计过程变得可控，让公司在未来的决策更加容易、有利。客户并不指导设计过程，他们对你采用的方法并不熟悉，而你的责任是带领客户了解设计过程，展开对话，将他们引向正确的轨道。你需要找出影响客户与用户至关重要的因素。当你发现客户的决定阻碍了他们的目标的实现时，你还需要驳回客户的决定。想想你今天做出的决定在未来产生的影响，你的设计便会历久弥新。

草率决定，自食苦果

对于设计，也许你倾向于采取更加随意的态度，认为所有的问题最终都会迎刃而解。大错特错，你会为此付出代价。许多设计元素在缺乏全面的设计系统中运作，至少看起来如此。例如，一个随意的社交媒体活动可能会收获很多"赞"，并被认为是成功的。但是，将此活动置于整个品牌背景下，这种成功就有待商榷。该活动不能接近真正的目标群体，或许它传达了错误信息，与品牌承诺相冲突。如果不能满足用户期待，客户会无钱可赚。更糟糕的是，一旦一些想法植入用户的脑海，便永远无法移除。品牌定位一旦廉价，改变这种观点会耗费大量时间、精力与金钱。

无论何时，如果品牌元素或是设计系统中的各个部分没有关联，你试图传递的信息与想法就会四分五裂。结果，你的设计会使目标用户困惑不已。这还可以引发人们的怀疑，从而毁灭一个品牌。几年前，我

买过一瓶不知名的苏格兰威士忌，它的包装十分诱人。打开包装后，我意外地发现木质瓶塞变成了塑料瓶塞。虽然此事听起来微不足道，不值一提，然而这种不恰当的改变立刻动摇了我对该产品的信心。对我而言，没有木质瓶塞的苏格兰威士忌看起来廉价不堪，随即产生的便是与该嗜好有关的可怕想法。我不记得那瓶酒的味道，我只知道我从未想过会买第二次。

草率的决定会模糊设计过程中的整体目标，而这种模糊是具有传染性的，它会笼罩你之后做的每一个决定。客户开始为设计项目感到沮丧，用户不确定他们该期待什么、做什么或相信什么。由草率造成的损失并非小数目。

缺乏全盘考虑的决定会导致不可调和的矛盾。这时候，你将会前功尽弃，重新开始。为此，你可能对设计项目的预算进行评估，这意味着额外工作产生的费用就是你的责任。但对客户来说，情况更加糟

糕。想象一下，一些公司花费很大代价更换文具、制服、建筑标牌、车身广告，却发现设计产品没有传达出所需信息（等到需要弥补过错的时候，那些为了省钱而接受廉价设计服务的人们会付出惨重代价）。这还不是唯一损失。因为产品展示不能在目标用户中树立信心，销售量会下滑，机遇会流失。

用户对一个公司的了解来自日常的接触，包括售后服务、网站、报道、口碑，等等。不协调的设计使得品牌显得低劣，让用户心生质疑，而不是让潜在顾客与用户安心，或信赖此公司。更重要的是，不协调的设计会破坏品牌故事，在公司与顾客间制造摩擦，驱使用户考虑其他选择，最终阻碍公司的发展。

若缺乏设计系统，每一个设计决策只能当作全新事物对待。没有计划的设计使人产生西部荒野的印象，关键信息、品牌价值、设计标准间彼此孤立，无法协调统一。等到品牌管理者（首席执行官、营销人员或者甚至是你）开始考虑将这些分散的元素整合成为连接紧密、有序的设计系统时，这已经太晚了。结果，此时在设计上的改变会变得更加昂贵和耗时。

花点时间研究那些高产的设计公司你就会发现，他们从一开始便对方向有着明确的定位。他们通过创建系统来帮助指导未来的设计决策。这些设计系统随着时间与需求的改变而改变。但是整个过程是合乎逻辑的，并不仅仅是对竞争者行为、流行风格及市场趋势的草率回应，盲目跟风。

切忌跟风

一些年轻设计师的作品因为紧跟潮流而受到影响，相信我，我曾遇到一些这样的设计师。因为追求时尚、探索有趣的视觉图案，他们开始模仿流行元素，但作品仅仅风靡一时。这种错误不仅让设计作品看起来毫无原创精神且过时，而且客户最终收到的是有缺陷的作品。

风格是一套独有特征，它可以将设计作品进行分类。每件设计作品都有属于自己的风格，或绚丽，或幽默，或紧扣自身属性，当然，也可能反映一个共同特征——利用一些设计元素呼唤一个时代或一种感

觉。或者，风格略显陌生，但你曾用它满足客户的特殊需要。例如，缺乏视觉效果的设计可能显得简约；混合各种方法的设计也许会产生独特的或后现代风格。

没有风格的设计是不存在的，我也不建议你做此尝试。但是，你务必格外留心风格的吸引程度与危险程度。一些缺乏经验的设计师随意抄袭他人风格，运用于自己的作品，这种做法不会产生实用的设计作品（见图 3-2）。复制成功的设计作品，就如同一个专注于翻唱的乐队改编他人的作品。通常来说，这在青年设计师的作品中

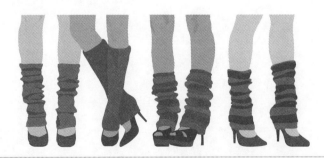

图 3-2　你发现潮流难以避免，这可以理解，但是真正的问题在于，你回顾以前，就会意识到自己与每个人一样，都被时尚欺骗了

十分普遍，其中难以避免会有一个案例是模仿俄国建构主义海报。（噢，多么聪慧的做法！）

追求风格的问题在于，它离不开一系列早已存在的情绪与联系。若是你选择采用某种风格，你务必做得漂亮，确保该风格不会影响更重要的设计决策以及你需要采用的方法。然而，你最大的担心应当是流行风格，因为它们就在你身边，你不容易鉴别出它们的存在。因此，许多人紧追流行风格，但却对自己的行为一无所知。

流行趋势会立即引起反响。你开始使用一种新形象，为你的能力赢得掌声。客户总是对这些方法反应激烈，因为它们看起来新鲜刺激。但是最终，新颖变得无效，因为流行趋势会限制所有系统思想，也就限制了你创作实用作品的能力。

追逐时尚趋势是设计的天敌，它只能给予你表面的恒久价值。20世纪90年代，很多公司在商标中添加了"SWOOSH"符号。最近，流行趋势见于"潮人品牌"，它将不协调而又做作的方法运用于任意品牌，即使方法完全不合时宜。"酷"在设计

中失去了它本来的意义。设计根植于商品或品牌的精髓，而潮流只是潜在的外表。我的博朗咖啡研磨机现在还像我二十年前购买它时一样好用。然而，我五年前买的太阳镜由于尺寸过大，戴起来怪异无比。

好的设计作品超越了流行文化，它给用户带来的良好体验会持续多年。它绕过了可能带来欺骗、掩盖脆弱品牌的流行趋势，经得住时间的考验。流行趋势是暂时的，它无法获得实用性和应变能力。流行趋势犹如紧身牛仔、暖腿套、与带有特殊符号的T恤，而设计犹如简约的黑色裙子，几十年前流行，如今依旧如此；设计犹如纽约地铁的标识系统，于1966年被提议，而后不断获得完善；设计犹如福特微记、壳牌徽志，以及伦敦川宁的商标。

有良好计划的设计具有灵活性，它允许加入新的补充修改，而它也因此变得愈发成熟。拿起一件无印良品的T恤，鉴于它的普通，你不会左思右想。在无印良品的一家店稍做停留，你会发现那件衣服只是该品牌更大视野的一部分——最低限度的设计，看似缺乏品牌意识，但同时试图减

少浪费。无论是钢笔、短裙、笔记本、应用程序、时钟或是手提箱，无印良品的产品出自同一设计系统。对于创建和遵循设计系统的人而言，视觉语言可以不断发展，且变得愈加明显（见图3-3）。几乎可以肯定，由于这种简洁的设计，无印良品的设计师设计新产品十分容易。可以想象，他们肯定不会纠结于是否应该把独角兽印在 T 恤上这样的问题。

流行趋势并非重要计划的组成部分。每一季流行趋势都有所不同，事实上，一些制造流行的人们期待它们尽快过时。你不会替换掉正在发挥作用的生活用品，而流行趋势会将你推向商店，因为你害怕自己看起来跟不上潮流。一旦流行趋势走到尽头，追求流行就只是为了追求娱乐与情感满足。

视觉设计依旧不再对流行趋势免疫。由于网络的传播速度迅速，这种影响更加严重：Instagram 是一款照片分享应用程序，迷你字体在视觉上将空间反衬得很好，自身却难以辨认，苹果的 OS X 操作系统催生了豆型按钮（大约在 1999 年），它让网络看似是威利·旺卡（Willy Wonka）私人游乐场的一部分。设计新手与专业人士同样对流行趋势很敏感，抑制这种敏感就需要准则的存在。最好的方法就是专注于客户与他们的需求。全身心投入设计系统的创建（正如你将在本书第 4 ～ 8 章中看到的），你会完全忘记流行趋势的存在。

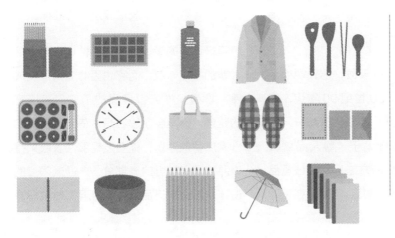

图 3-3 许多无印良品的产品并未印上公司商标，然而其简洁的功用与视觉系统意味着所有的产品都完美关联着

系统左右设计

从事设计工作越久，你越会意识到，你所有的决定都会被更加庞大的设计系统左右。即使像字体选择这样简单的事情，也务必要与最终需要实现的目标相关联。正因如此，对于 Comic Sans 字体的批判完全是一种误导。文森特·康奈尔（Vincent Connare）创建该字体的目的并非出于一般使用。与 Times New Roman 字体相比，Comic Sans 字体更加适合屏幕上卡通人物对话气泡。Comic Sans 字体完成了自身的使命，但是它绝不适合菜单、一般信件，或者一些严肃声明（例如希格斯粒子的发现）。我们应当责备的是那些误用字体的人，而非字体本身。如果设计师不考虑他们的选择如何影响整个设计过程，那么素材便不能恰当地使用，问题也就开始显现。

如果你将每一个设计元素独立看待，那么就很难做出优秀的设计作品。因此，你应当做出设计规划，用不同变量进行实验，确定每一个设计元素间的关联。系统思想迫使你检验各设计元素间的关系，从而对其有更好的了解：设计情境、客户需求、可用资金、用户期待与误解，等等。我将它比作家庭财务，承担这些责任会让你有动力，而逃避这些责任会让你无所适从，也让你无法意识到自己的选择会产生怎样的影响，甚至对缺乏计划的设计深感遗憾。

设计系统与你的设计方式及其发挥功能的方式相关。规划阶段采用的步骤影响最终结果的产生。随着计划的实行，你会做出一些决定，这些决定彼此关联，便于未来对其进行添加与改变，这在企业形象设计中表现最为突出，其难点在于了解情境、做出规划、创建具有全局性的方法。一旦规格确定下来，额外元素的产生会相对直接。任何设计师都能够为宜家设计出合适的宣传册，因为其视觉系统是确定的。

设计师所面对的客户各不相同，其面临的

挑战自然也各有不同。你也许不能改变他们的性格、背景，甚至整体环境，但是，你可以控制设计方案的制作方式。将系统用于信息、交互、内容与视觉设计，你的设计作品便会充满方向感与客观性。事实上，这些系统彼此关联，互相依赖。你采用的策略影响你创建的信息，这些信息决定你采用的视觉方法，这些视觉方法又左右你的设计决策，包括字体、布局、颜色、照片及你创建的平衡感。

随着设计系统的建立，一个共同标准——"设计DNA"开始出现，并为后续的设计决策奠定基础。最近，我们帮助了一位软件供应商明确其定位。我们用三个词语来确定其未来所有设计、营销和传达的基调——优秀、易用、健康。这三个简单的

词语影响了这家公司设计中使用的好玩的插画与材质，营销宣传中所使用的夸张手法，以及沟通时所使用的友好语言。从外观到实际应用，每一环节互相协作，制作出统一的设计产品。

设计工作中的系统一旦确立，你就会意识到，它对于分享相同"DNA"的设计决策的每一部分都相当重要。于是，你将其运用于设计的所有元素，从颜色、字体到印刷方式与语调。随后，潜在的设计系统会影响广告、员工手册、室内设计、年度报告、电话问候语，以及其他设计的可交付成果。设计系统能够自然地发展，但却极其罕见。大多数情况下，你需要确定你想要的系统工作方式，确保设计问题得到解决。

你面临的诸多问题

与其说设计关乎想法，倒不如说设计离不开解决问题。你的倾诉对象应当是谁？你的倾诉内容应当为何物？外观该如何体现？检验有效性的最好方式是什么？这些是主要问题，其中还包括无数小问题。你应当使用照片还是插画？如果使用照片，应包括哪些内容？你应当采用某种特定风格吗？对于一名设计师而言，这些问题可能看似永无止境。

将系统纳入设计会大大减少之后面临的问题。或者，至少系统让你能够更加轻松地回答这些问题。忽略系统的设计师会走上一条弯道。也许你的设计华丽无比、备受称赞，但是之后当你需要调整设计以作其他相关的用途时，你会发现困难重重，甚至不可能完成。结果，早期的成功犹如过眼烟云。缺乏远见会使你处于不利位置，对于客户来说情况更糟。现在，他们不得不面对混乱的字体以及分离的设计元素，

这可能阻碍客户实现目标。

系统（视觉的、言语的，或者组织的）在设计作品中建立规则、共同特征（见图3-4）。这些指南有助于你分辨什么适合，什么不适合。你可以将这些惯例同创作电影角色的惯例相比较：你想知道主演是谁，她从哪里来，她的动机是什么，她如何表达、展现自己。因为有了自上而下的实体创造，你能够为人物的表现形式创设规则。如果人物是巴黎19世纪早期初入社交界的少女，她的着装不可能是运动裤，言语中不可能带有拖腔。你创造人物所花的时间越多，你对什么适合该人物、什么不适合愈加清楚。最终，有了这些指南，你回答以下问题会更加容易。她应该驾驶怪物卡车吗？我认为怪物卡车当时根本不存在。她应该炫耀莫霍克语吗？嗯，我认为不是。她应当与外星人约会吗？等一下，这是蒙

图 3-4　宜家的设计师设计产品时遵循一系列一致的规则。因此，即使文本变成一堆无用数据，大部分人也能够认出宜家品牌

提·派森（Monty Python）的喜剧吗？

当然，电影角色的例子看起来有点牵强附会。但是，它有助于说明回答问题的难易程度，确定设计适用的系统并非易事，但是没有系统会难上加难。在整个设计过程中，你会面临无数选择，而这些问题也不可能被同时解决。于是，你必须首先明确策略性问题，然后解决实施性问题。这一方法将有助你更好地理解你的选择。例如，如果你不知道你设计的海报应该唤起怎样的基调，你就无

法选择合适的字体。

有所选择总是好的，但是在一些情况下，它可能会令人力不从心。年轻的设计师会对设计感到兴奋，于是开始勾勒设计想法，而不去询问设计作品需要实现的目标是什么。他们灵光一闪，很快就有了一个很好的想法，于是立即转向排版软件。接着，选择字体、斟酌颜色、安排占位符与照片的位置。但是这些根本没有用。说实话，其工作成果看似小学科学展览上的一件展品。那么，怎样解决这个问题？改变

字体？加入更多元素？重复使用另一种风格？尝试用过的方法？去除多余部分？变化版式？沮丧的一夜，难以入眠，对于随心所欲的设计师，一切迫在眉睫。

系统间彼此关联，它们减少了你需要做的选择，但受益之处却不止如此。系统让你更加明确想要做什么，让你更加了解哪些选择是最重要的，让你朝着确定的目标前进，而不会面临多项分散的选择，那样只会让你更加困惑。通过创建系统，你的决策更加明智，行动更加迅速，因为你从一开始就知道你设计的作品需要走哪条路线。

确定设计系统中的关系

每一件设计作品都是内外关系的总和。当我看到你为客户设计的名片时，通过结合所有元素，我推断出该名片传达的信息与基调。客户值得信赖、很风趣，令人兴奋，这些并不是字体选择与纸张质感告诉我的，而是所有元素的协同作用，包括材质、颜色、形式、平衡、构成与其他支撑要素。因为我有机会接触该品牌的其他设计产品，我开始将每一部分视为一个整体的组成部分。广告、制服、网站、电话问候语、客户体验，彼此都相互关联，从而影响用户对品牌的印象。

犹如俄罗斯套娃一样，大部分设计决策只是更大决策的一部分。小的决策与重大决策间紧密相连。制作每一个套娃时，你需要考虑其他套娃的存在（见图3-5）。例如，在星巴克你会有从指尖到视觉、触觉、味觉、嗅觉、听觉的不同体验。路过星巴克，你会瞥见熟悉的绿色标志。推开店门，新鲜调制咖啡的味道迎面扑来，咖啡机打奶泡的嘶嘶声不绝于耳。新选的袋

图 3-5 设计系统的每一部分都需要与其他部分协同合作。因此，创建切实可行的系统需要限制变量，寻求简洁

装咖啡豆是光滑、粗糙的纹理与精美、充满异域风情图案的结合。你不自觉地坐在皮椅上，感受着马克杯上的标志，品着你的饮品。星巴克的设计师们需要创作的不仅是恰到好处的单品，他们还必须考虑所有的单品如何协同合作，传递公司品牌理念，为用户提供连贯的体验。

设计元素间彼此关联的方式说明了设计方案的适合程度。即使设计一次性产品，关联依旧存在。为了阐明我的观点，我将用个人案例加以说明，因为你可能会面临类似的挑战。我们公司需要制作一个视频，内容是介绍如何开发 iPad 的 App。这个微不足道的任务很快就呈现出许多问题。我们应该展现用户体验吗？需要给出一系列该应用的主要特性吗？需要突出视觉设计吗？每种可能都引发了更多问题——关于我们该怎么做：视频能在一个特定的空间播放吗？如果答案是肯定的，该是怎样的呢？我们应该聘请真实用户，雇用演员，还是用旁白贯穿整个 App？

我们意识到，我们必须后退一步，就这个部分与我们公司的发展与营销的关系提出两个主要问题：第一，通过该视频，我们想要为公司实现什么？第二，该视频怎样才能匹配公司形象与更广阔的市场效能？这些问题早在设计之初就应当提出，但不幸的是，我们偶尔也会马虎。

解决了这些关于公司营销方面的众多问题，决策变得更加容易。我们确定，我们的目的并不是推广 App，而是展示我们的交互设计服务。同样，此视频必须与我们制作的其他视频一道，为企业形象与品牌价值增光添彩。

在研究了所有的相关问题之后，我们意识到视频应当分为几组。关于设计公司与工作人员的微电影被分为一组。经销商的内容更加活泼生动，可以自成一组。设计样本被视为最终产品的一般案例。

一旦理解了设计与资料之间的关系，我们便知晓该创建什么——一个简单的手机应用程序的视觉效果。这既省时又省经费，因为我们避免了复杂的拍摄、雇用演员。从长远来看，我们知道今后怎样处理类似设计元素，确保彼此间协调合作。

当确定了设计中的元素如何相互关联时，你就建立了设计系统。它为整个设计，或者可能是客户的整个品牌，提供了潜在的框架。尽管许多设计师都喜欢发散的设计方式，但是他们应当创设规则，以确保单个元素符合整体设计。有了这些适当的规则，随后的每个决策都会变得更加容易。

交互设计的借鉴意义

交互设计塑造了数字体验，例如网站与触摸界面的使用与功能。系统是这些交互产品设计的核心，无论它是被应用于手机应用程序、网站、店铺还是桌面软件。或许甚至可以说系统是交互设计的基础。用户操控设置离不开系统，组织内容需要系统，内容如何在页面或者界面上呈现出来依然离不开系统。系统间可能会有效配合，也可能会以完全非直观的方式呈现，这取决于我们对系统的考虑、创建、测试与改善是否到位。

交互系统是多层面的设计结构，用户可以了解陌生的空间与新的信息。无论专业领域有多大差异，所有设计师都应该对交互设计中采用的方法有所认识并加以应用。做出简易、直观、回馈用户的数字体验需要周详的计划，同时需要了解用户使用何种方法解决他们遇到的暗示。有效的交互设计包括：确定客户的战略要求与期待结果。同时要求设计师了解目标用户、极端

案例（不常见的情况），以及不同分组的预期情境。

确定所展示内容的性质、素材组织的恰当方式、交互产品中采用的象征手法，这是你最初面临的一些顾虑。例如，计算机的图形用户界面采用真实世界的桌面象征，这有助于用户掌握信息与功能。如果你曾经使用过 DOS 系统，你就会明白这是多么大的设计进步。用户不再需要记忆难懂的编码与指令，无须过多指导，就能够移动桌面项目、整理文件夹与文件，因为他们懂得该象征的含义。同时，用户可以点击桌面图标，这些图标类似于工作间常见实体物品的外观，如纸张、打印机、连接电缆、外围设备和垃圾桶等（见图3-6）。

与单一传达信息的设计相比，当设计项目需要与人交互时，你的工作就更加复杂了。如果沉浸于设计产品的外观，你对潜在结构的关注便有所欠缺，而潜在结构能够帮助用户明确他们可以做什么。结果，

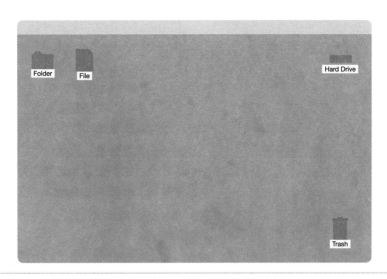

图 3-6　使用计算机时，许多人忽略了桌面象征的重要意义。然而，即使是简单的象征符号也能让资料整理变得更加容易

当用户使用你设计的数字工具或产品时，他们会感到沮丧和苦恼。除了确定交互产品的目标与使用，你必须要为用户提供精确的线索，帮助用户了解如何使用功能。将按钮与文本放在令人赏心悦目的位置远远不够，你不得不考虑用户对它们的理解方式；当需要扩展空间时，应该如何对它们进行调整；它们是否阻碍了其他操作；这些关键因素仅是表面。

每一个交互元素都影响着用户如何理解空间，如何用得舒心，最终如何熟练地掌握

使用方法。一想到可点击元素，如按钮、链接，是如何被处理的，我便十分气恼。许多设计的外部指示混乱不堪：有时，按钮上文字的对比度过低，使其看似像是被"禁用"了。其他按钮的分组缺乏逻辑，让我心生困惑。如果不是随机乱点，直到偶然发现，我根本无法找到需要的按钮。这些外观的设计经常不一致，致使整个体验令人抓狂。

目前，我在计算机上用微软 Word 软件时体验到了这种矛盾的加剧。软件上有大

量的按钮与功能设置，但是我发现根本无法理解它们。顶部菜单栏设有选项、一排快捷按钮，功能区设有一组选项卡，其中甚至附加了更多的选项。这些组群、标签、符号是如此之多，以至于令我崩溃、困惑不堪。我几乎找不到包含我所需功能的选项卡。如此的混乱、矛盾、视觉线索的杂乱无章让我对该软件心生厌恶（我想不止我一个人有这种想法）。

大多数用户很难讲清究竟是什么让他们对一个设计作品深感不悦、厌恶。然而，这些令人失望的体验会影响人们对一个品牌的印象。的确，确定细节（如按钮的位置与形式）是枯燥乏味的。但如果一个用户评价某一技术易于使用，那么喜悦之情会随之而来。例如，我遇到很多激情洋溢的摄影师，他们热爱把玩手中的佳能相机。他们赞扬其按钮位置的设计，这些按钮可以刚好呈现他们需要的信息，仿佛相机知道他们在找什么。然而，当我提到尼康时，他们都避而不谈，这似乎说明了什么。

一些不同的设计考虑与信息系统连接在一起，确保了完美的用户体验。用户怎么

知道通过单击文字与图片就可以访问更多信息？没有光标悬浮功能的触屏设备上有直观的链接吗？用户能否找到他们需要的内容，即使他们是色盲？变换背景颜色时，图片顶端和文本表面的链接是否依旧可见？表达类似"想要获得此信息，你可以单击我"的外观设计可否运用于其他导航，或者用户是否需要在每种设置下，学习新的使用方法？

许多设计师忽略了界面与交互细节。它们不是设计中富有魅力的部分，用户也总是无法体会它们的重要性。设计项目中看似普通的方面可能不会使人着迷，但这并不能说明它们不重要。很多设计师都认为他们的设计内容远远超过了网站导航、内容清单、用户流程图。他们忽视了对这些需求的细致考虑，反而追求华而不实的界面设计，一心希望功能需求可以自己起作用，但这几乎不太可能。

用户与设计师一样，对设计的某些部分投入的精力不成比例。例如，网站首页总是能够引起广泛关注，经历多次修改。然而，一个设计最显眼的部分并不代表它是用户实际体验的重要部分。像我一样，我

打赌你阅读书籍的时间比欣赏封面的时间多，使用软件的时间比留意相关营销宣传的时间多，浏览网页内容的时间比查看首页的时间多。

你需要给予界面功能足够的重视，即使你的客户忽视了它们的存在。注册形式、系统警报、邮件通知都十分重要，它们会影响到最终用户能否顺利地使用网站。类似的部分还可能包括：使用手册、表格以及成员介绍。优秀的设计师明白，他们的设计工作不仅仅停留在那些迷人的部分。

将更多的注意力集中于你的设计，包括涉及的所有相关内容，你会为用户提供更好的体验。杂志设计可能不用严格考虑，因为它的使用方式以线性为主：从封面开始，随手翻页。那并不会使糟糕的设计作品变得更易令人接受（见图3-7）。像一名交互设计师一样，想想每个设计项目。询问自己，这一设计成果将被如何使用，线索是否连贯一致，有没有更简便的方式指导用户。这样做会诞生更加清晰直观的设计，无论具体工作领域的行规存在多大差异。

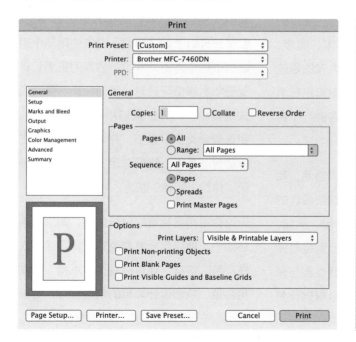

图3-7　尽管使用计算机超过35年，我还是发现几乎无法流畅使用打印对话框，可我并没有强烈的欲望去把设计如此可怕作品的设计师揍一顿

组织信息

设计内容需要组织结构，否则，作品设计会难以成功，还会降低其有效性。通过信息分类，你能够对素材有更好的认识，还能知晓如何呈现素材使其对用户更为有利。从分组角度考虑（我喜欢将其称为"水桶"），它提供了一个简单的方法来有效地组织、塑造、构成素材。它也有助于确定抽象的设计项目。任何优秀设计师的很大一部分工作就是在设计之初，安排研究设计中涉及的内容（例如文本、图表、视频、照片、插画）确定承载内容的最佳"水桶"，使用相关数据与内容对其进行填充，检验该组织方式是否对内容进行了合适的划分。

有结构的内容有助于用户理解，为此，我们创建系统，前提是你要理解你所设计的内容，以及这些内容如何被使用。例如，"水桶"——课程大纲的组织因素是时间与主题。网址导航可以按照访客类型与预期行动划分。幻灯片的组织可以根据计划

的不同阶段进行。即使本书也依赖于"水桶"，这里被称作章节。

首先将设计需要包含的内容进行最优划分，这是明智之举。大多时候，它涉及一些关键"水桶"，于是你对其进行更加细致的划分。这一行为就好像你将文件并入计算机桌面的文件夹与子文件夹。

谨慎使用词语能够帮助你确定内容模式。尝试在分组上标注动词，或者使用单个词语标出每个类别。例如，当我们重新设计温哥华水族馆网站时，我们决定需要几项关键类别。此外，我们用单个词语标注，使这些分类便于浏览，并增加少量文本进行备份。最终，我们选定了六个类别：参观、体验、行动、加入、学习、计划。

无论你采用何种策略分析内容，都应当始终如一。要竭尽全力避免异常情况或一次性产品，这样，你可以减少"水桶"的使用数量。规划设计项目的组成部分，并形

成习惯，有助于你建立秩序、避免矛盾。发现与结构格格不入的内容时，你需要重新分组、删除错误内容，或者为其找到最佳位置。

为了确定与分析设计相关的内容，你应当在黑板上迅速计划分组。如果手边没有黑板，找一些黑板漆，刷在墙上。这种做法物美价廉，表面易清洗，给予你足够的空间对系统进行细致的思考。或者，你可以使用纸张或者白板。

接着，在电子数据表中充实分组。电子数据表的细节属性将会突显你可能忘记的内容。有了合理的安排，你便可以对"水桶"内容展开评估。如果组内内容过多或者是空白的，说明你采用的结构与设计内容不符。你需要确定为什么某些领域缺乏充足的文本，寻找分散内容过多的领域的方法，或者重新思考组织内容的系统。无论选择使用哪种方法，是时候决定内容的组织方式了。在黑板或者电子数据表上调整文字十分容易。一旦设计投入使用，文本就确定了，图片置于恰当位置，此时，重新考虑内容的组织方式代价就过于昂贵了。

在网页设计中，总是无法创建有效的组织系统。我确信你曾目睹过这些漏洞百出、混乱不堪的界面。工具栏挤满链接，有时，内容随意放置，当用户在各部分间移动时，矛盾随即出现。如果设计项目的目标不够清晰，这些以及其他错误便会显现。或者，它们可能是一个公司各部门间激烈竞争的产物，各部门为了达到各自要求而彼此竞争，对用户需求不闻不问。最糟糕的是，一个毫无能力的信息架构师与设计师需要对如此混乱的局面负责。

警示：避免在组织系统中出现"混乱"与"其他"类别。这些分类表象代表不完全又充满缺陷的方法。如果你遇到此类别，擦净黑板，删除电子数据表，重新开始。

在系统中思考视觉问题

谈论设计中美丽的外观可能不切主题。想想特价招牌，最有效的招牌可能排版很糟，信息相互矛盾，不雅观。尽管你与他人可能发现这些设计令人不快，而招牌正得益于这些不完美，匆忙拼凑的招牌让人觉得商品销售火爆。因此，人们会争论：与实现目的相比，"品味"可能没那么重要。

脑海中的外观设计需贴近功能。先停停，想想你需要实现什么，接下来确定何种系统会建立一个贯穿用途与媒介相一致的基调。也许你在为一家工程公司工作，该公司需要向客户展现其技术能力；也许你正在一家儿童游乐场所进行视觉设计，那么这个设计需要是明亮、大胆、五彩缤纷的。无论面临的情况是什么，你都应当做出恰当的选择。

我认为，所有的设计作品都处于某种生态系统中，无论场景是真实的还是完全架空的。但是特定规则一旦产生，就不能打破。比如电影，电影观众很容易接受一些异常荒谬的想法——会说话的鸭子，来自外星的变形金刚，或者许多类似《虎胆龙威》（Die Hard）的电影，而观众无法接受的是不遵守最初建立的规则。这种偏差扰乱了观众的信念，摧毁了观影体验。我就曾有类似的体验，不知何故，电影中一个人不借助任何保护从十层楼上跳了下来，而后安然无恙地走开了，我对此可以接受。但是，当他们之后使用 PC 电脑运行苹果 OS X 操作系统时，我会对妻子大喊："这也太假了吧！"

自然界规则适用于任何设计。如果你在为一个古典优雅的百年品牌设计外包装，你的设计决策一定要切合实际。若文本字体采用 Helvetica 体，或者加入二维码（可机读的二维条形码），会使设计看起来是脱节的。彼此毫无关联的视觉组合给人留下不安的印象，可能会有损品牌形象。

设计之初，需要为视觉设计建立指导方

针。总体规划会影响小的决策，协助你建立情境与基调。对于设计是华丽的、简约的还是其他类型的，你需要有更好的了解。所有视觉设计采用的策略都应当取决于主要问题，例如，它们怎样促进公司战略目标的实现。

你的目标是为你设计的视觉建立清晰、简明、易于管理的规则。避免异常设计，因为它们代表了更严重的设计缺陷。当用户需要关注某个区域，或者某种重要功能与通知时，外观方可改变。例如，从设计的整体外观到重点关注的具体设计项目，注意点可能大有不同。当你在视觉系统中引入变化时要谨慎小心，每一个变化都可能毁灭整个设计，以及需要用户重新认识设计。

当你确定了设计环境内的所有项目特征，并遵循这些规则，视觉系统便随之形成。系统会受到以下因素的影响：层次、字体、平衡、基调、元素间隔，但不仅限于此。随着实际使用中视觉系统的确立，你处理图片、整合文本与其他内容的方式也得以诞生。规则愈加清晰，设计愈加确定。记住，任何视觉设计都不应随意选择，追求新奇；事实上，视觉设计应当符合视觉系统，达到整体效果的统一。

释放自我

创意人士往往得益于能享受工作中的自由，但很少有人意识到，系统与秩序可以将他们从一系列亟待解决的问题与要求中释放出来。秉承实用的设计哲学，运用严格的设计方法，会更容易创作出有效的设计作品。然而，你也许会犹豫，因为你认为：仅仅采用一种设计方法，会使得设计显得单调枯燥。别紧张，相信我，在客户与你最终可交付成果间会充满足够的变化。

当你确立了设计方式，为设计创建系统时，你就建立了指导设计进程的规则。于是，你已准备就绪，形成设计理念、采取得心应手的设计方法。系统一旦形成，设计就不可能产生重复的方案，因为每种情境都有所不同，你不得不仔细审视每一个设计项目，正因如此，你能够为每位客户创造出独一无二的设计作品。

随意浏览任何著名的设计方案——苹果手机、EA 标志、宜家新餐桌的使用说明。你会发现，潜在的组织系统融入于宏观设计，并且贯穿始终。这些重要的系统确立并强化了整个设计，使之最大限度满足客户的需要。不幸的是，许多设计师创造属于自己的"房屋风格"，他们的设计基于过去的习惯而不是基于客户的需求。当你忽视了这一点，重复设计或者创建的设计方案已过时，前后一致的方法能够引起你对这些现象的注意。

你的每一个设计项目都应当经历你所建立的同一设计与实践过程。若你的设计方法达到统一，标准流程得以发展，你就无须花费大量时间整理文档、准备文件、搜索丢失的电子邮件（在第 10 章中我会对这些工作习惯进行详细的介绍）。由此，你可以将大量精力放在客户身上，创造出满足他们需要的设计。

优秀设计离不开系统

系统思想并非可有可无，它是优秀设计的前提条件。事实上，我已占用了大量篇幅来说明系统的重要性等同于设计。寻求规则是设计的核心。

优秀的设计作品合乎逻辑、易于说明、充满效率，同时抹去了无关细节。通过统一所有设计元素，优秀的设计作品使用户体验变得清晰、直观和明显。它是可以调整的，在使用时可自由转换，而不打扰到用户，并且它能让用户感受到设计的所有元素之间具有内在的联系与组织。

用户越能看到设计元素间的有效配合，对设计的印象越好。

设计是对自然形式的探索，是一个不断进化的过程。回顾过去，最终结果可能并不直观。结构无处不在，尤其存在于设计之中。通过系统思想，你能够先考虑大的问题，进而想到小的问题，这么做会提高设计效率，使得设计更加简单。一旦你抓住了设计的主要问题，你便可以任意填充缺失的部分。只要主要部分与次要部分能够完美结合，你就能创作出恰到好处的设计作品。

接下来

既然你已经对系统思想有所探究，学到其中益处，接下来，我会帮你将它用于实际

设计。下一章，我将介绍源自杰出实验室的设计方法，讨论设计过程的工作原理。

04 | 第 4 章

The
Design Method

设计方法，
行之有效

本章将对本书中所阐述的"设计方法"做一个介绍，它是一个设计框架，你可以将其应用于每一个设计项目以获得恰当的成果。这一设计蓝图有助于你加深了解、草拟计划、形成想法，最终，产生想法并将其投入使用。

呈现"设计方法"

"设计方法"（Design Method）是一种哲学，也是一种方法，它让设计变得简明和容易。它有助于你了解问题与情境，以及确定需要解决的问题。"设计方法"带领你走过逐步细化的一系列阶段。这种自上而下的方法让你免于摸索风格，你可以针对设计与客户的实际需要做出选择。

"设计方法"中存在许多设计过程哲学。一些结构严谨，出自理性，另一些感性成分偏多，偏爱即兴创作；一些严重依赖观察，另一些鼓励设计师与用户密切合作；一些将设计过程分为七个阶段，另一些则选择六个阶段，还有一些喜欢三个阶段——见鬼！我认为几个阶段都可以。狡猾的设计公司将设计视为营销噱头，耗费大量精力设计专利商品名、精美的流程图，旨在说明他们的设计多么"独一无二"（你可以想象我对最后一种行为的评价）。

很难说某种设计过程优于其他设计过程。

每个过程都有属于自己的客户、设计师、设计情境或者设计规则。重要的是你所采用的设计过程适合你与你的客户，贯穿始终，而非为了一时良好感觉的即兴表演（我曾那样做过，结果现在，我左大腿上刺有纹身，图案是一名女艺人与一只小狗）。如果你在帮助客户传递信息、理念、价值观，等等，你会发现本书中的方法恰好可以满足你的需要。

"设计方法"与其他过程有类似之处，尽管在很多方面仍然存在差异。"设计方法"合乎理性并富有秩序，非常直接，条理分明，但是它同样需要你的直觉。"设计方法"离不开与客户对话，然而，这并不是说需要客户参与设计，他们没有接受过训练，也没有任何准备。它并不假定最初的规格一定正确，相反，"设计方法"始于调研、观察、质疑，目的是评估哪个可交付成果是最合适的。"设计方法"根植于设计公司的运作方式，并非彼此孤立的理论。其结论就是，将"设计方法"的阶段与方法应用于实践要好于纸上谈兵。你会发现这种应用性观点形成了各个设计过程阶段，对于工作习惯与实践的建议，以及我用以描述此方法的语言。

人们对"设计方法"的看法易于受到视觉传达设计的影响。我提到这一点的原因是，一些在产品设计中采用的方法无法直接用于品牌、平面与视觉传达设计中。无论采用何种形式，在 smashLAB 里，传达是设计的关键，无论它采取何种形式。我们可能会建立一个视觉系统、网站、内容策略、应用或者标识系统，无论是哪种情况，我们都在创建或者促进传达。

某些设计方法在理论上是可行的，但在实际应用时却十分困难。当设计师需要解决模糊定义的视觉传达问题时，采用本书中的"设计方法"便十分有效。事实上，在

我们的设计公司，这一方法已经经过了将近十五年的日常工作实践的演变。过去，我们试验了许多方法，每一次都有所收获，并且我们不断在设计过程中加入有用的方法。这些经验的获得并非易事，我们花费大量的时间整理"设计方法"，公司也因此变得更加多产、成功。不仅如此，由于采用这一方法，客户也能收到更加有效的设计作品。

为了应用这一设计方法论，你必须留心本章随后介绍的几个阶段。不要跳过任何一个阶段、肆意幻想，否则会加大不必要的设计难度。请按预期方式遵循流程，我保证此方法不会让你迷失方向。每天我都会运用此方法，它不断带给我喜悦。尽管"设计方法"中的步骤可能看起来十分简单，事实也是如此，但当我遵循并然有序的步骤时，它绝对不会令我失望。

"设计方法"的几个阶段

大部分设计过程都包含一些共同的阶段与任务。在"设计方法"中，我们将整个过程分为四个主要阶段，接下来我会对此进行概述。这些阶段是从普遍意义上来划分的，因此，你可以抓住核心事项，根据具体需要确立设计与细节。基于这些阶段，你可以确定你的工作阶段，创建相关文档。你还可以制作小物件、小册子、图表、视觉效果、视频或者幻灯片来帮助客户了解你的设计方式。

有些设计方法将整个设计过程分为几个大的阶段，例如，表达、观察、制作、重复。还有些方法看似偏爱头韵分类法：定义（define）、设计（design）、开发（develop）、部署（deploy）。还有一些方法听起来更加科学：发现、阐释、构思、实验、演化。无论如何向客户展示设计过程，你都有可能经历一些相同阶段。本书所倡导的"设计方法"正是基于这些阶段，从这里开始，将进入本书核心部分。它包含以下阶段。

1）发现阶段：通过观察和分析，收集数据，熟悉情境。

2）规划阶段：确定关键需求与问题，开发策略，制作可行计划，以应对这些问题。

3）创意阶段：探索概念性选择及潜在的设计指南，将这些可能性组织在一起，使其变得清晰化。

4）应用阶段：实施"设计方法"，构建设计元素，同时进行试验、衡量、评估和修正。

明确这些基础阶段并在这些阶段中从事设计工作，要点就是在设计过程中加入架构。但是事实上，这些阶段彼此渗透（见图4-1）。尽管发现阶段是设计的第一步，但在后期你也决不能停止对客户及其需求的了解。规划阶段同样如此，它在设计之初是最耗费精力的，但是，你仍然要在整个设计过程中持续地规划小的方面。创意阶段与应用阶段也需要周期性工作：你可

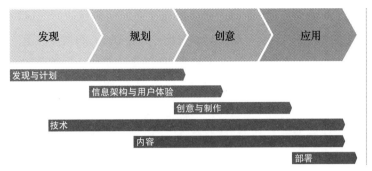

图4-1 "设计方法"依赖于四个关键阶段，然而，你采用的工作阶段取决于你从事的设计类型以及创建的项目里程碑

以策划理念，建立雏形，循环往复，检验方法，精炼设计。遵循这些设计阶段将有助于你减少幻想，否则，你会在设计项目间随机跳跃。

尽管这些设计阶段间的彼此交叉会让你深感困惑，但是，设计阶段没有严格的划分。近几年，缺乏清晰的设计阶段十分常见，从某种程度上说，这与许多设计项目的数字化属性相关。数字化设计能够让你分析结果，进行调整，迅速重新部署，而无须过多花费。然而在其他设计中，内容的改变与重新部署则增加了时间与成本。例如，美国航空公司的管理层可能不喜欢在新设计发布一周后就改变形象设计。当所有飞机、印有品牌标志的物品有了新的

外观时，无论大家对新外观看法如何，都不能立刻更改了，因为改变外观是一项庞大的工程。

你可能会使用个性化的语言来描述你的设计过程以及你是如何划分设计阶段的。这无可厚非。从某种程度讲，个性化包括你为客户展示的设计。此外，在确定实际的工作阶段或者工程要求的服务项目时，你也会发现这种做法非常有用。它有助于你细化设计项目的报价、进度表和清单等。这些都需要你亲力亲为，因为没有人知道设计项目的大小、类型和范围。

在smashLAB里，我们通常会将工作阶段做以下划分：发现与规划、信息架构与用户体验、创意与制作、工艺、内容，以

及部署。我们所采用的这些阶段为交互设计项目与内容创新做好了准备，因为这两项内容是我们设计工作的主要部分。不仅如此，相比"设计方法"中叙述的过程阶段，这些工作阶段划分更加具体。过程阶段不同于工作阶段，因为前者用于确定大的方面，而后者用于评估项目要求，以及是否符合当下的支付服务项目。

对大多数设计师而言，与收集知识相比，营造视觉氛围更像设计师干的事情，因此，你可能直接跳跃至创意阶段。这种做法犹如先租好办公地点，再撰写商业计划，这绝非明智之举。另外，你需要了解项目情境，以确定一个可行的行动方案。首先，你要在发现与规划阶段下功夫，完成这两个阶段的工作后，再转向创意与应用阶段，要对先后顺序明确无误。许多年来，我的设计流程都不正确。为了避免你犯同样的错误，我会向你讲述我这么做的原因，以及我是如何纠正我的笨拙方法的。

"设计方法"的由来

由于我天资愚钝，我需要找到更精妙的创作方式，于是就有了本书与其中的"设计方法"。像许多设计师一样，我的职业没有遵循以下标准路径：上设计学校，实习，在级别更高的设计师或艺术总监的指导下成为一名设计师。事实上，我曾在艺术学校学习绘画，后来从事报纸发行工作。这些视觉语言与专业技巧成为我设计工作的起点。但是关于"如何设计"与"为何设计"却被我遗漏了。

许多设计师同我一样，在刚入行时总想创作出有革新意义的作品，挑战设计传统，尤其在他们还不熟悉设计的时候。我曾逃避做设计调研和记录发现，一心只想为作品打上属于自己的标签，与设计理念共舞。我早期对设计的认识归因于这种盲目的热情。最终，我开始问自己"设计需要实现的目标是什么？"。每到设计之初，我就会问自己这个问题，并做出明确的回答，问得越多，客户与用户的反馈越好。

得到最多赞扬的设计方案往往是最普通、最常见的。

"设计方法"源于工作经验。形成这些方法的观点来源于开办设计公司，而那时我们几乎没有资格来开办设计公司，学习设计也是以身体力行的方式。我们面临的问题范围很广，从如何确定设计步骤，到迭代设计的最佳方案。随着这些不同类别工作的完成，我们使用的方法变得越来越有效。这些项目让我们知道，要对设计工作中的模式有所认识，要确定工作流程中的哪些方面在将来的工作中可能会重复。同样，我们可以将项目阶段与任务标准化以利于提高工作效率。

我们的第一个方法是逐条列出每一个设计步骤，并创建了详细的任务清单。它能够帮助我们确立工作流程中的阶段，但是严格遵照任务清单并不明智。如此细致意味着每份工作都有自身的一套任务需要完成，任务总数可能成百上千。在一些需要重复提交最终成果的项目中，如网站、企业形象设计，任务清单并不能得到很好的实施。更糟糕的是，由于不便遵照清单，以至于阻碍了设计进程。

后来，我们寻求科技的帮助，以使我们能更好地组织方法，但是使用软件也未能达到目的。为了找到能够最大程度解决我们面临问题的软件，我们花费了数周时间，最后却发现，无论是创建甘特图，利用任务管理器，或者协作工具，都不能解决这些问题。尽管科技发达，但它们只能用于支持定义明确的任务，而不能取代任务的完成。

由于我们在一段时间内坚持采用一种方法，随后又遇到相应的限制，在很长一段时间内，我们甚至不再相信世上存在可靠的设计流程。但当我们开始将一些特定的技术与公司中采用的方法结合时，最终产出了符合我们期待的结果。鉴于我们在形成方法论的过程中所走的弯路，现在说到我们公司所采用（信奉）的方法时多少有一些讽刺。

对于如何有效地进行设计，我们现在已有了应用上的认识。除了分析与实践学习，我们还建立了一系列收效良好的规则与系统，尤其对于那些需要设计不明确作品的设计师。"设计方法"之所以奏效的关键理念之一是，采用独特的方法，我们亲切地将其称为"漏斗"。

漏斗方法

当你想到"设计方法"时,画一个漏斗吧。这个东西能让你的设计朝着一个方向进展,并可以不断做出修正。许多要求、问题与可能在一开始都集聚于漏斗中,但是它们必须要变得明确且朝着单一出口行进(见图4-2)。这与许多设计师处理设计流程的方法完全相反。他们错误地以为创意是支离破碎的,是随意自由的冒险,误认为选项的数量等同于服务质量。

想要高效地创作出优秀的设计作品,你需要以不同的视角来看待整个设计过程,你如果认为任意的离题和创意对客户会有一定价值,那你就错了。事实上,你必须懂得要确立一个明确的目标。是的,确立目标需要大量的实验,但也需要指导,并非随机的创意游戏。你还要意识到,想要实现目标,你只能控制冲动,关注最终目标,缩小选择范围,使之可行。

"设计方法"是一个不断精炼的过程:先解决大的问题,随后转向细节问题的处理。这有点类似于选择度假地点。在预订酒店之前,你要先确定目的地、行程以及旅行日期。接下来,根据酒店最重要的属性来做出选择(如预算、服务质量、位置

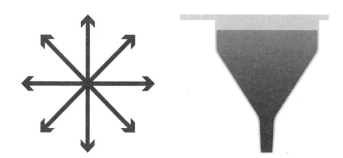

图 4-2 许多人认为设计与创意工作是一个无关紧要的过程,而我认为我的工作就好像通过一个漏斗,设计会越来越明确,越来越清晰

和配套设施），适当缩小选择范围。

尽管上述比喻可能缺乏想象力，但当你选择设计方式时，这一比喻还是十分有用。设计之初，许多人会衡量每一种可能性，甚至冲动行事，他们没有花时间斟酌这些可能性是否值得考虑。过多选择可能十分有趣，让人心生愉悦，但却浪费了时间。由于设计的劳动密集型特点，类似的冲动代价过大，因此最好避免。难点在于打破客户致命的"三种选择"习惯，将整个设计统一于一种方法。

让我们困惑的是，我们经常会遇到一些设计师与设计公司领导，他们（不是全部）仍然为每个设计项目提供三种不同选择。他们都承认这种做法十分愚蠢，并对此心

生厌恶，但奇怪的是，很少有人愿意去尝试另一种方法。提供三种选择的做法犹如要求厨师做出三道菜品，仔细推敲，最终每个盘中取一部分，混合在一起。这太疯狂，再说一次，疯狂！然而，设计师们好像无力打破这种局面。

我们如何在 smashLAB 中摒弃这种坏习惯呢？我们向潜在客户逻辑性地解释了"唯一概念方法"，并呈现了其独一无二的优势。"为什么要租一间办公室，浪费资金，创造出一些我们根本不会使用的方法？"下面让我来细细阐述，漏斗方法衍生的"唯一概念方法"是如何节省时间，更加精妙地分配客户资金以及减少相应摩擦的。

唯一概念方法（或设计方向）

在设计中，漏斗方法最直观的一面就是为客户提供一种（而非三种）方案。这是"设计方法"的核心原则。在完成发现阶段的工作后，你就可以制作一个可行的计划，只提交一个方案。这样你便会收到两种结果：被否决或者修正，但是你不会迫使客户对多种方案进行评估，同时期待最优方案。这种要求对客户不公，尽管他们可能极力请求你提供更多方案。但是，无效率的工作方式就是违背职业道德。

加强你对这种提交唯一方案的创意理念与设计方向的理解与认识十分重要。大部分客户都会担心，如果没有选择余地，可能会错失良机。他们认为，给出三种设计方案可以有助于他们从中挑选最优的方案。尽管这种想法可以理解，但是这种感性的需求最终会导致产生出具有缺陷的方法。你要帮助他们认识到，这种过时又代价昂贵的方法会阻碍设计的完成。

同时展示一种以上的理念或设计方向会让

你面临如下挑战：多项选择使客户更难体会到每种方案的优点。客户可能误以为每个选项都是整体方案的一部分，并将其观点糅合在一起。如此缺乏客观使得在单一设计方向上信息汇总、解析、反馈变得异常困难，因为所有的观点都混在一起。这会让客户认为，可以通过选取每种设计方向的几个部分，将其组合为一个"超级设计"（我们称其为 Frankensteining，我从未见过利用这种方法制作出优秀的设计）。

此外，作为一名设计师，你的工作主要就是为客户及其用户提供各种可选项，使其具有最大限度的可行性。如果让客户回答关于设计方向的问题，那设计师就是在推卸责任，因为大多数客户根本无法预料特定设计方法所产生的潜在局限。他们知道激光切割工艺会提高印制成本吗？他们懂得复杂的商标不能以小尺寸呈现吗？他们清楚网站使用自定义字体会影响加载速度吗？而你的任务就是确定问题，帮助客户避免进入误区。

对于复杂的设计项目，如何面对需要给出三种可行的选择的客户需求。例如网站的网页分层与空间设置需要时间来完成。为网站设计提供三种选择，迫使你要么将有限的时间分给三种选择，逐一分析，要么提供一种可行的选择，然后对其进行调整，再产生另外两个或多于两个的选择（通常是细小的变化）。如果这另外两个选择都不可行，那么设计经费成三倍增长，或者以三分之一的计费率工作。

当然，仅仅提供一种选择或多或少取决于你制作一个符合客户需求的作品所付出的努力。例如，一方面，同时展示几个商标的不同方案并不难，即使这种做法可能使客户不知所措。另一方面，仅仅从考虑和开发这些选项所需花费的时间来说，同时提交几个网站或形象设计方案本身不切实际。

关于如何呈现设计作品，第 9 章进行了更详细的介绍。目前，你只知道"设计方法"的建立是围绕着唯一概念与方式展开的。对于一些设计项目而言，这种观点意味着更多具体障碍的产生。然而你能够理解，提供和修正一种选择，与提供三种选择并让客户择优选择相比，前者比后者更加明智（见图 4-3）。当然，这个部分可能会令人心生不快，但不要因为对这种方法不熟悉，就对它望而却步。

图 4-3　你一次能够实现多少目标？务必精确。因此，我不再追求三种选择，而是专注于单一选择。相信我——这已足够艰难

"设计方法"的运用

你可能不同意本书介绍的方法。没关系，不是只有你一个人这么想。我曾与人谈论过类似的想法，他们激动地告诉我这个方法过于教条，起不到任何作用。但是，因为我多年以来曾以不同的方式探索"设计方法"，我可以真诚地告诉你：单一的，以知识为导向的，基于系统的方法如此奏效。通过此方法，你能够帮客户确定前进的方向，确定设计事项的顺序，概括在未来设计中重复使用这些步骤的方式。

追求清晰是这个行业的罕有态度，该行业中每个项目都与下一个项目不同。通过建立统一的运行轨道，你可以专注于你需要实现的目标，因此，你更有可能制订出一个可行的计划。"设计方法"迫使你在适当时刻提出有价值的问题。当你遵照此方法开展设计时会融入一整套的修正和平衡机制，使你能够专心于最重要的设计内容与注意事项。

采用"设计方法"的另一益处就是你的公司可以提升运作效率。遵循这一方法，你能够更加合理地利用资源，支配员工。你可以创建标准化文档，适时改变这些模板的用途。此外，通过采纳这些有组织的步骤，你会认识到一个自然的项目流程。你不仅需要创作有效的设计，还需要以一个有秩序的与可预期的方式来设计作品。不仅如此，"设计方法"还涉及以清晰、精确和有组织的方式向客户展示你的设计理由。

为客户提供个性化的指导与清晰的文件能让他们产生更加愉悦与连贯的体验，不要低估这种体验的重要性！如果客户感觉受到了冷落，没有得到支持，或不理解你所提交的作品，即使你创作了伟大的设计，还是可能会失败。当客户与你一起工作时，你需要考虑他们想要其用户获得怎样的体验。许多设计师无法做到，他们认为，设计中唯一重要的部分是设计作品。

通过与你相处的时间，客户的感受非常关键，它决定你的设计公司是否能赚钱并经营下去。

每次运行设计流程，你都会了解到什么是有效的，什么是无效的，从而进行步骤重组，修正"设计方法"，改善设计成果。不断修正方案将增强公司的工作效率与员工关系。设计流程就是寻求一个方式来做

出更好的设计与传达。

此外，"设计方法"是如此的精妙，一旦你将它应用到实际项目中，你就不可能再回归到以前的老方法。以严格的态度来对待设计流程与设计行为，你的设计就会变得成熟起来——从迷惑不清，只追求外观装饰，到注重其实际功能，以解决不同情境的复杂问题。

在不同情境下的设计方法论

以设计为核心的方法正应用于全球范围内的许多问题。对于很多从未涉足过设计公司的人来说，"设计思维"是一个颇为流行的术语，你会发现"设计"占据着大量商业出版物的版面。人类社会面临的挑战在日渐增多，比如资源短缺、社会问题，以及气候变化的威胁。

因为设计师的思维非常独特，可以帮助人们应对这些更大的挑战（见图4-4）。人

们给你一套不完整的信息，而你要完成的任务也是不明确的。因此你需要开展调研，提出问题，对不熟悉的情境进行探索了解。随后，便可以在不知晓如何衡量成功的情况下，形成假设、原型、进行测试。

由于可能出现变化，对所有问题采用简单的、千篇一律的方法变得不再那么可行。正因如此，好的设计方法论需要适时调

图 4-4 "孩子人手一本"项目（the one laptop per child program）——从基础结构到硬件设施，都向人们证实了在面临严重挑战时将设计思维应用于其中所产生的影响

整，以面对不同的挑战。同时，随着参量的变化，设计过程也需要适度调整。

学会了如何处理和解决模糊的问题，你会在面对其他新的挑战时游刃有余。事实上，我曾用"设计方法"来设计我的住所（我当然不是一名室内设计师）、公司的定位，甚至写了本书。（其实，对于构建一份冗长的文件，本书呈现的方法有点理想化。）实际上，通过"设计方法"，你能够理解在无数不同情境中遇到的许多重大问题。

接下来

"设计方法"的第一阶段是"发现"，其重心是了解设计情境。在下一章，我将解释为何了解这一点如此重要，以及如何提问和获得所需信息，以此提出一个可行性计划。

05 | 第 5 章

The
Design Method

发现阶段：
沟通理解

通过观察、分析和记录，你对客户的情况有了些认识。"设计方法"的发现阶段就是让你去规划、去构思，最终创作出优秀的设计。

发现即知识

发现阶段在"设计方法"中是知识构建的阶段，作为设计师，"发现"对你至关重要。如果不能正确理解为哪种情景而设计，你如何能将事情做好？更不用说做到恰到好处。许多设计师口惠无实，更有甚者直接跳过此阶段，因为他们相信自己极具天赋与智慧，而不必受此烦琐步骤的烦扰。令人惊讶的是，我曾见过一家设计公司，竟然提议分配四个小时用于"发现"，我想知道，在如此短的时间内你能"发现"什么？

"设计方法"的这一阶段要求你将自己沉浸在客户、用户、顾客和利益相关者的世界里。这不是短期的工作，你需要调查他们向你直接报告的内容，并探究不确定的信息。你的责任是从你与客户谈论的内容中"获得"信息，设身处地为他们的用户着想，找到那些让你的客户感到困惑的难题。最好的情况，你的发现工作可以带来一些连客户的竞争对手都没有意识到的机遇。

如果不了解客户的情况，你就不能称自己为设计师，这一点怎么强调都不过分。设计师往往专注于细节，如印刷工艺、纸张的类型、排版的美感，以及协调设计元素等所有相关的问题。然而令人遗憾的是，他们却不愿将对枯燥工作的同等苛刻应用到了解客户及其所面对的挑战上。发现阶段的工作并不难，只是需要时间。做此投资，你将会获得对所有设计都有用的知识，但是如果跳过这种观察，这些知识也很容易被错过。

大多数设计师选择"设计"这一职业，是因为这样他们就能与视觉素材打交道。就此，下面的评论可能会让那些设计师感到不安：你可以推掉创作任务，但却无法从发现和规划任务中抽身出来。一些设计师认为他们可以把调研和思考的工作推给实习生或客户经理，这个错误使得设计师无法亲身体验设计情境。你需要亲眼看、亲身体会你是为了什么而设计，而不是依赖于委托人给你搜集的信息。当你绕开这项工作，你就远离了这项工作中的思考部分。这一疏忽让你只能做出表象的东西。事实上，许多设计师都停留在扮演视觉设计师的角色中。他们可以创作出最漂亮的作品，但这些作品在任何重大的设计研讨会中却仍然没有什么影响力。

如果你的任务过重，必须将设计流程的一部分委托于他人，你最好选择创意和应用阶段的工作。很少有设计师愿意承认这一事实。但是发现和规划阶段确实比其他部分需要更多的脑力。如果你能了解情况、识别问题，并找到解决问题的办法，别人便可以接管和执行你的计划。你可能对技术并不像对视觉资料那么感兴趣，然而，如果想创作出恰当的设计，你必须要有好的想法。接下来的问题是如何开始工作。

进入陌生的领域

作为设计师，你必须适应未知（见图 5-1）。你无法知道所接手的大多数项目最终如何呈现。你不知道特定的客户对你有什么期望或者随着项目的推进，客户会如何表现。你也将会和一些你不感兴趣的行业里的客户合作。例如，你有可能被派往一个保险公司，或提供一种减肥方案，或者服务于房地产开发商，所有的这一切你可能一点也不在乎，然而你的兴趣并不是最关键的。尽管有时你可以自己选择客户，但这种机会并不常有。此外，你不能把你的专业实践局限在你所感兴趣的内容上。想象一下，一个医生会因为自己对医治某些疾病不感兴趣而不去给病人看病吗？

在你将要服务的不同领域中，你会接触到

一些行话或不熟悉的惯例。让你快速掌握这一切也许不太合理，然而，你必须这样做，这会给你带来一个额外的好处。当你在不同的领域中工作，你就会接触到新的知识。我曾有幸在不同的领域中工作过，在此我以自身为例讲讲我学到的不曾预料的知识：一个小型社区的居民普遍抱怨停车计费价格偏高，即使他们仅需要支付 5 美分就可以停车；家养水獭的年花费是 35 000 美元（别以为你的德国牧羊犬已经很昂贵了！）；黑色与直升机不相配，因为它会使直升机看上去满是污垢，像是缺乏维护一样。尽管这些知识看上去微不足道，但它们有助于你的设计呈现出多样化。

有了每个新客户带来的这些信息，你就可以着手开展发现阶段的工作。我的建议是从客户的需求着手。不仅要知道他们想创作什么，而且要挖掘出他们想实现什么。例如，他们想要一个新的网页，但是他们为什么需要呢？为了达到维护、改善或是改变的目的，你的设计方案是什么呢？他们是否有无法说清的隐性期待呢？如果有人提供给他们更好的选择，他们会要求一个可交付的成果吗？一旦弄清他们的需求，你就能够确定项目的范围。但首先你必须放下个人的偏见才能获取这方面的知识。

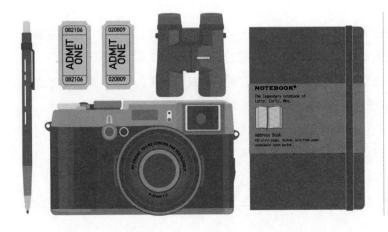

图 5-1　抛开你的偏见，将发现当作一场旅行。做笔记、拍照，甚至收集一些"纪念品"，以便在以后的过程中可以参考

假设你是错的

你相信自己的观察是准确的，大多数人也会这样认为。但是这种错误的认识只会让你过早做出假设。如果一开始无法做到透彻地观察，那么当你与新客户合作或是着手一个新项目时，你所做的唯一假设可能是错的，抑或是在没有完全了解信息的情况下，你无法做出重要的决定。

在任何设计流程之初，偏见和误解都是普遍存在的。因此，在没有充分观察和准备的情况下你不能直接回答客户提出的问题。首先，你需要抑制先前存在的观念。忘记你所知道的，接受自己的无知。这种心态会让你观察得更准确，看到别人所忽略的，提出你之前可能认为是"愚蠢"的问题。

以下面错误的假设为例：当我们开始做直升机滑雪运行的项目时，我们假设所有的顾客都是二十岁左右热爱刺激的年轻群体。其实我们是错的，参与直升机滑雪需要大量资金的支持，这就排除了许多年轻人，他们支付不起一周白色浪漫的费用。

我们实际的顾客群主要是中年的法官、企业家、医生和其他专业人士。

如果我们依据我们的假设而不是问问题来开始设计项目，我们可能会做出不恰当的设计。一旦掌握了足够的信息，我们就会了解到，受众会更加关注宏伟的滑雪场的地形，因此我们应该更多地考虑其操作指南设计中的专业性，因为顾客并不是尝试跳下"死亡悬崖"的"激进的人"。

做出假设是很容易的，但它们往往没有价值。许多人认为自己知道如何为人父母，但直到有了孩子，那些令人欣喜的啼哭、呕吐和尿布很快惩罚了新手父母之前的傲慢，他们不得不反思之前的那些假设。在这些情况下，生活是仁慈的，它（几乎）允许你优雅地学习。但用户却很少如此，一旦你的假设导致了无效的设计，用户就会放弃你的客户，而你的客户会以你创作出如此失败的设计为由而辞退你。你只要花些时间和你的客户沟通学习，"假设"是不会阻碍你的工作的。

开始提问

如果让人们选择自己是无知还是愚蠢，大多数人会选择无知。因为前者可以改变，后者却不行。事实上，大多数人对很多领域都不了解，因为有太多需要我们了解的东西。接受了这一事实，你就可以自由提问以减少你在某些方面的无知。了解并不难，但是学习新的知识需要时间和努力。而且当你与每个新客户合作时，你都需要付出这些。

创作出优秀设计作品的能力与你是否愿意倾听你的客户、他们的顾客，以及利益相关者的意见有很大关联，同时你要学会判断他们所说的内容。即使你的客户和他周围的人没有意识到这一点，但他们确实会有不同的想法。不要以为自己是无所不知的"天才"，你应该要向别人学习。这样，你就能获取之前无法得到的知识，工作也会随之更加容易（见图5-2）。

在我们公司早期的发展中，我们曾为一家律师事务所做过一些设计工作。在看了许多法律和法令后，我们了解了律师事务所想要给潜在委托人传递的信息："积极

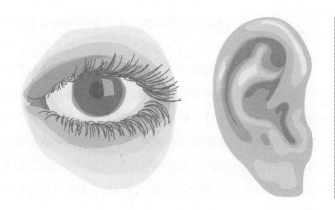

图5-2　尽管许多人认为设计是手脑相结合的行为，然而你的观察却在你获得洞察力时扮演了重要的角色，它将有助于你创作有效的设计

地站在委托人的立场上进行辩护，不说任何废话。"在最初的讨论中，我提到如果我需要一位律师，是因为我需要一头"斗牛"。当我的其中一位客户听到时，他转过身来对我说，"那会让你显得愚蠢。"他进而解释，一个好的律师不会寻求对抗，而是不带偏见地来协商以求避开不必要的冲突。我的假设又一次使我变得完善。尽管我是无知的，但我还是从这段对话中学到了东西。客户的话影响了我们处理这个项目的方式。事实上，这一评论改变了我们看待整个任务和向委托人呈现这家律师事务所的方式。我们早期的这些经验是非常宝贵的。要知道，你的客户有很多的想法、意见和经验，只不过这些知识有时杂乱无章。你的工作就是收集他们的信息，过滤他们的意见，理清他们的反馈，继续寻找那些用以了解客户整体情况的要素。

掌握基本信息

在最初的调研中，你需要掌握设计项目的所有方面用以了解以下内容：你的客户是谁？他们是做什么的？他们为什么做这个？他们已经做了多久？他们在哪儿经营？他们销售的是什么？他们所销售的和竞争对手的有什么不同？在某些方面他们是否优于竞争对手？在发现阶段伊始，就要问这些以及其他的问题。答案看似是显而易见的，但其实不然。

大多数客户没能意识到他们的知识并不是常识。对于那些一般性的知识，他们还是会使用行业特定术语。他们可能认为顾客精通于他们所提供的内容，然而事实恰恰相反。客户也会认为你对他们的公司非常了解，其实你知之甚少。由于这些不实的想法，客户无法提供你所需要的信息，以便让你对他们是谁，他们是做什么之类的问题有个深刻的了解。因此，你需要素要企划文件、战略路线图、品牌策略、传播和营销计划，以及标准文档，获取过去的资料（说明书、手册、保留着的文件）和广告活动的样本，并进入到媒体库（照片、视频、标准化的描述、图表）。你还需要查看销售数据、分析报告和其他指标。

记住，你的联系人并不一定对公司的所有业务了如指掌，也许他们刚刚加入这家公司，不知道哪些传统营销材料可以使用，或是他们的职位限制了他们所掌握的内容（如高层管理人员可能不了解一线员工使用的设备）。同时，也要避免客户的意见影响到你的设计。别人认为无关的东西可能对设计过程非常重要。力求让他们为你提供所有事（或人）的信息，这将有助于你了解他们是如何运作的。

花一两天的时间阅读一家公司的文件可以让你快速了解他们的专业用语、企业风貌和行业特点，即使你之前对此一无所知。在这些文件中，你会发现一些模式、失误，以及错失的机会，它们会带给你重要的思考。在此后的发现阶段，你将收集好的调研成果以文件的方式提交给你的客户。这一举措会让你的客户关注到他们自己是如何看待公司的，以及他们传达什么信息。奇怪的是，你的资料不会使你的客户感到惊讶。也就是说，对这一内容的强制性回顾有助于他们认识到哪些部分是不正确的、需要更新的，或根本无关的。

向你的客户重申你的调研成果，客户的意见会让你在正确的方向上更好地前进。这一步骤远比你想的更重要：客户最大的障碍大多是由小误解引起的，因此你要善于倾听，修正客户的观点，以此降低交流问题出现的风险。

获取第一手资料

令人惊讶的是，当设计师在进行设计时，他们却没有去体验自己设计的产品或服务。倘若不获取所设计产品或品牌的第一手资料，你的设计方案出现败笔的可能性就会急增。在打开 Photoshop 图像处理软件之前，先画幅草图，或者写个提纲。和其他人一样，你需要先熟悉你的项目或品牌。确定你对它的喜恶点，测试多久可以打破此偏见。通过亲身实践，你将会准确地了解你的客户在出售什么、促销什么或改善什么。你的亲身体验会让你洞察到一些连客户都可能会忽略的地方。

许多工作时间很久的管理者和员工开始将公司提供的待遇视作理所当然。他们疲于工作，不能客观看待自己所做的工作。就拿餐厅老板来说，他根本不会品尝自己做的菜。因此，你需要体验你所做的工作，进而推进它。应在发现阶段早点完成这些体验，以免受到客户建议的影响。

如果你为一个动物园设计电子商务或在线会员工具，你应该和其他人一样去游玩一下；如果你为一个软件供应商设计广告，就去访问它的销售网页，输入你的卡号，像真正的用户那样使用这一技术；如果你在帮一个宾馆打造品牌，就预定一个房间，看看它是否能提供它所承诺的服务。不要告诉任何人你在做这项调查。你一定要亲身实践，并做好记录（见图 5-3）。

亲身实践的核心在于观察。在某种程度上，你和人种史学家的工作有些类似。你需要去体验并从不同角度目睹事情的发生以获得独特的观点。客户对自己的领域太过了解而无法完善他们的服务，其用户可能又不太愿意说出自己所面对的难题，之后，他们便直接去光顾其他的卖家。然而你虽然对一些情况非常了解，但由于你远离公司具体事务，使得你在利益相关者征求意见、反馈和建议的时候能够提出客观的建议。

图 5-3 尽管我可以告诉那些从未骑过单车的人骑车是多么有趣,他们仍无法完全了解。为了获取这一真实的体验,他们必须自己骑上单车。这同样适用于你所创作的作品。不能只是依赖于他人的讲述,你需要去获取客户产品或者服务的第一手资料

安排与客户和负责人的讨论会

跟你的客户和负责人在讨论会上交换意见有助于你收集数据并与他们建立良好关系。在这类会议的开头,有些客户可能表现得很保守,但是你不要受此影响。他们的紧张情绪会很快消散。人们喜欢谈论关于自身的内容,所以要确定你已列好将要调研的问题。即使是最内向的人在和你熟悉后都会乐于和你分享他们的见解。

要想在这类讨论会中获得成效,是需要练习的,而且你会发现安排这类讨论会会使你觉得很累。在这种情况下,你是一个调解人。你需要努力营造一个积极、轻松的氛围以使那些在场的人畅所欲言。你也需要认真聆听他们的见解并做好记录。请几个同事辅助你做这项工作。你可以介绍参会者,讨论会议进程,主持会议。其中一个同事可以做助手,为你补充遗漏的地方以及提出其他的观点,另一个同事则负责记录论述的内容。

你还需要为客户确定最好的讨论方式。有时你只需和一小组人员进行两到三小时的讨论。对那些有复杂需求的客户，你可以安排两次讨论会，让他们有时间思考和消化会议内容。对更大的公司机构，你可将他们进行具体的分组，让他们在舒适安心的环境中进行讨论。例如，你可以让管理人员在一个会场讨论，而员工去另一个会场讨论，这样每组成员都可以畅所欲言而不用有所遮掩。

你的客户一般会偏向于谈论自己面临的问题和机遇，但却因为置身于自己公司的运作机制中，很难清晰地表达出来，从而也看不到摆在眼前的出路。所以，要让他们畅所欲言，不要给他们任何限制。会议不能以你为中心，用点头和微笑给他们以肯定，询问细节以深入了解问题，允许他们分享彼此的观点，同时你要学会不时地推动对话的进行。

把你的问题分为三类：一类是针对公司机构的，一类是针对他们所面临的问题的，一类是针对用户的。你还可以提一些关于竞争对手或其他实力相当的公司的问题。引导他们进行讨论，进一步了解他们是如何定义成功的。列出一些适合客户的问题，并不时地充实这个列表。

好好利用这些会议。有时，你会发现参会者过于纠结某方面的问题。记录下这些看似敏感的问题，但不要让会议局限于此。始终要推动会议的进程，不要受任何细节的困扰。在这之后你还可以不断地补全所有未涉及的内容。

这些会议不仅可以让你收获知识，还可以培养你的归属感。大多数人对设计都会有一些看法，对自己的公司反应更甚。不要低估这部分力量，它会扼杀有效且成熟的设计。让客户公司负责人尽早参与到讨论会中，让他们在讨论的过程中贡献自己的想法。相应地，他们也会认识到自己的观点和见解是有价值的。

发现潜在的问题

在解决任何设计问题之前，你需要认识到客户所面临的挑战。他们失去市场份额了吗？他们的用户是不是无法理解他们的价值主张？他们的广告是不是被其他更有说服力的信息抢占了风头？他们的网站是不是夸大其词，开空头支票？一些客户能够清楚地说出这些问题。尽管这很有帮助，但你不能仅满足于此。在其他时候，你的客户可能能够识别征兆却不能指出潜在的问题。比如，他们可能知道销售在下滑，但却不能把这一现象与网站糟糕的销售渠道联系起来。采取措施了解这些问题有助于你找到其中的关联。

有些客户的眼光可能没有前瞻性，他们会告诉你一切安好：他们的顾客络绎不绝，业务稳步上升，不需要实质的改变。这时你就需要思考，既然公司运作得很好，为什么还要参加这个会议呢（如果公司经营得很好，为什么还要寻求改变）？一个设计、营销或者是广告公司的存在就是要找出问题的症结并解决它，而症结常常不只一处。所以要找出这些潜在的障碍。

一种引导谈话的方式是重新组织讨论。有些客户之所以没有说出自己的问题，是不愿承认自身的弱点或是没有准备好面对自身的失败。会议的目的是让这些谨慎的人自由发言。不要将讨论严肃化，让你的客户意识到公司的设计难点；这样会安慰他们，也会让他们讲出所面临的其他大量的困难。

另外一个选择是通过出问题来挖掘出一些新问题。员工快乐吗？公司的运作达到最优化了吗？如果没有，是什么阻碍了这一发展？需要改变公司的哪一方面？用户对客户有什么误解？客户最仰慕以及最想要成为什么样的公司？如果让客户从头开始重新创办公司，他们会有不同的选择吗？

大多数客户没有意识到，好的设计可以应对这所有的挑战。因此，在一定程度上，安排讨论会让客户指出其他的挑战。或许他们不能给所有的用户提供与之前同水平的服务；或许是因为一些用户频繁的致电，询问重复的问题，由此加大了员工的工作量，给他们带来了负担；或许一些用户认为这家公司没有能力提供优质的服务。设计可以处理好这些事例中出现的以及其他的问题。

了解受众

发现过程的一个关键部分就是，准确地指出你的客户想要争取的、服务的，以及吸引的受众（用户）。你的客户也许对受众的境况了解得不全面，他们只顾当下没有长远视野。这不是对他们的贬低，只不过是一个简单的事实。能给他人搭配服饰，却无法让自己着装精致。公司也面临同样的问题。他们太了解自己从事的工作以至于无法准确地评估自己的工作。因此，客户认定的问题往往对受众来说是无足轻重的。此外，你的客户可能会忽视他们的用户所遇到的真正障碍。因此你需要与最终用户交流。但是在这之前，你要从个人层面上尽可能多地向那些处理最终用户事务的人学习。

你的客户联系人可能并不与其公司的用户有直接的接触，他们仅仅是公司的员工，可能是接待员、售票员、导游 / 讲解员、送货司机、销售助理或出纳。找到那些成天与用户打交道的人并试图了解他们，向他们询问用户经常抱怨和称赞的分别是什么。尽管这些看法并不完整，仅代表所涉及用户的一部分观点，但这些交流能加强你对用户的了解。

你可以问几个关键的问题，如用户或顾客是什么样的？他们来自哪里？他们多大年龄？他们需要或想要什么？（记住，需要和想要是完全不同的。）他们面临什么样的局限性？他们为何偏爱或避免某种营生？他们是如何被激励的？他们会为何而疯狂？他们热衷于什么？最后一点是最关键的，它可以揭露到底是什么激励了受众。比如，我确信迪士尼乐园的广告是让家长与孩子建立亲子关系。爸爸妈妈对孩子的热情比任何其他事都高，他们知道和孩子在一起的时光是珍贵的。尽管我讨厌这个策略，但比起色彩鲜艳富有感染力的娱乐图片，这对"关键的决策者"有更大的吸引力。考虑受众时要透过现象看本质。你可能专注于大众用户，但是其他高端群体也是值得关注的。比如，公司可能需要取悦投资者，否则有可能会存在致命的闪失。这些投资者需要的是什么？公司内部的人员是受众的一部分吗？

当你设法解决这些问题的时候，有些受众群体可能会有所变化，这会有助于你在规划阶段撰写有创意的提纲（见第 6 章）。要了解这些群体，以及他们将如何适用于此设计方案，你需要回答更多的问题。这些群体之间是否存在共同的需求或显著的特征？是否有哪个群体更重要？每个群体所占比例是多少，群体间有何不同？服务于某群体是否可以比服务于其他群体获得更大的利润？

要记住，不能只去了解现有的用户，其他群体也许更易于了解，也更易获得成效。与他们合作或许更合适，但是你的客户却没能意识到这些用户或潜在用户的存在。在进行一个项目时，我们发现每个竞争对手的营销对象都是中年男性行政管理者，但我们的研究发现实际用户中有一半是妇女，而这部分市场无人问津。问问谁是本不该忽视的，以及这类受众和客户的竞争对手的受众有何不同。所有的这些信息将在你开发用户角色模型时起到重要作用，第 6 章会对此有所涉及（见图 5-4）。

图 5-4　一些设计师的作品脱离现实，不为真正的用户设想。花些时间去见用户，他们非常重要

采访顾客和用户

许多公司由于受烦琐的日常事务限制，没有时间与顾客和用户对话。错失这些机会是令人遗憾的，因为对话提供了判断力，有助于为公司创造卓越的成就。简单的客户意见反馈只能包含一些已表达出的一系列不全面的意见。

愤怒的顾客通常会让大家听到他们的不满。他们会在失望的时候打电话，时刻有可能发出咆哮、尖叫及吵架的声音。虽然有些公司可能不喜欢接听这样的电话，但这种反馈有助于公司认识到自身的不足。遗憾的是，有些用户不愿提供他们的反馈，而满意的和不在乎的用户常常会保持沉默。

获取受众的意见和回应有很多办法。调研和问卷很容易操作，但其是否有价值令人生疑。对于那些带有有限选项、形式和结构死板的问题，用户只能给出有限的评论。他们会表达出"不满意""不在乎"或"很满意"，但是如此简单的回复无法

让你收集到有意义的数据。因此，你需要客户为你提供用户的样本，你想采访哪一类用户取决于你和你的客户。你也许会选择客户公司的老用户，或者你可以尝试找出体验过公司不同程度满意度的混合型用户群，你还可以尝试找出从未合作过的潜在用户。重申一下，应该选择什么样本要视情况而定，你可以让客户做出选择，并确保从中获取最大的信息量。

你要从访问少数人开始。在打电话之前简单地了解他们的信息，此外把你和客户认为有必要咨询的问题列一个表，提前发送电子邮件请求对话，为每次的电话采访安排时间。在采访的一开始，你可以解释一下打电话的原因，并说清楚你要问几个问题，通话需要多长时间。对方会很忙，尽量将通话控制在 15 分钟以内，避免将用户吓跑或者让他们感到疲劳。

尽管你访问的人可能无法清楚地表达他们的所见所感，但他们可以提供线索。这些

交流的真正的重要点其实是在搜寻相关观点时有机会公开获得反馈。在这个阶段你扮演的是调查者的角色：在搜集关键信息的同时让别人与你分享他们的想法。

优秀的侦探（和设计师）从不以表面现象做出结论，他们只会听没有听过的内容，以及留意一些尴尬的停顿。他们会询问、引导用户，并做一些有引导性的提问。

不要让任何一个评论过多地影响你的调研成果。对任何一个整体受众群代表观点的误读都会使你做出不恰当的决定。因此，要找出受访者共同的讨论点。这些讨论点几乎是单独存在的，而且可能会是最有用的发现。在你要结束对话的时候，你应该看一下自己获取的信息，如果没有答到点子上就要深入询问。但是不要被他们所说的话愚弄。这就是他们所做的事的价值。

认识到人们说与做的差异

由于访谈中获得的信息量很大，你需要谨慎地对待这些信息，有时甚至要用怀疑的态度对待它。原因是，语言和行为是有实实在在的差距的（见图5-5）。比如，你总是说你计划要做更多的运动，但事实是，你的大部分运动仅限于通过操作计算机鼠标来锻炼你手臂的肌肉。

在访谈中，你会有一些动态的发现（尤其是有多个参与者时），这会影响数据的质量。在这些场合下，人们的举止往往是不太自然的。有些人想让大家听到他们的想法，而有些人觉得不发表意见是失礼的，即使他们没有什么可说的。此外，还有一些人会担心如果给出了错误的回应会显得很傻。

鉴于访谈中情绪化的驱动所产生的影响，你需要考虑你的发现成果，它们可能是不准确的，需要核实。无论如何，要避免打断参与者的发言。人们一旦发现自己正被盯着，行为就会发生变化。不要只问问题，还要观察他们的行为。这在一些场合中很容易做到。

想象一下，如果你正在帮交通局寻找更好的与乘客沟通的方式，你的第一步很可能是坐上一列火车见证乘客的体验。了解他们是否开心、沮丧还是无所谓？哪些乘客看上去是沮丧的？他们很容易了解自己的车次吗？他们是否很难理解一些信息？在乘车过程中，他们会遇到哪些困难？当你可以亲自看到乘客的反应时，就无须再过度倚重乘客的口头描述。

图 5-5　用户所说的他们想要的和事实上要做的是十分不同的（即使他们说想要自己变得更加健康，他们还会吃一片比萨）。学会发现差异

调研竞争对手

任何一家公司都不会是在真空中运作的，那些声称没有竞争对手的客户都在说谎、妄想，或是根本没有做过调研（所有的这些情节都需要同等的关注）。研究你的客户的竞争对手是为了了解他们是如何解决同样的传达问题的。你也需要了解你的客户是如何在竞争格局中立足的。

你在和客户／负责人最初的讨论中要询问有关竞争对手的问题，如你的客户的竞争对手是什么群体？这个领域的领导者是谁？他们善于经营什么？他们的软肋在哪？他们是否采用了应该避免的战略？是否有后起之秀令你的客户感到担忧？

当然，你从这些问题中得到的反馈将会被搁浅，因为客户认为很难准确地衡量竞争。这没关系，这些误解可能会给你启示。比如，你的客户是否认为他们的公司会成为市场的领导者，尽管他们的用户并不是这样看待这家公司的？

在提出这些问题之后，你可以开始做功课——去熟悉这些竞争者的网站。搜索一下他们的营销材料及一些附属材料。如果可以，亲身体验一下他们的服务。思考一下他们所使用的工具，他们是如何吸引用户的，以及他们传达出的基调是什么。记录下他们的优劣之处，以及他们是如何在竞争市场立足的。甚至你还需要用一句话来总结一下每家公司在市场中的地位，在定位坐标上标出每家公司（见图 5-6 ）。

不要将你的调研局限于那些给定的竞争对手，你还可以去看看是否有其他没被发现的竞争对手。除此之外，是否有一些间接的竞争者或产品给你的客户带来了威胁？（比如，麦当劳可能会被看作儿童游乐场的间接竞争对手，它们会争抢同样的消费者。）调研的目的不是为了模仿他人，事实上，向竞争对手学习有助于你避免他人的过度营销主张或现有的品牌定位。你的调研不能仅停留在竞争对手身上，其他方面你也要有所涉及。

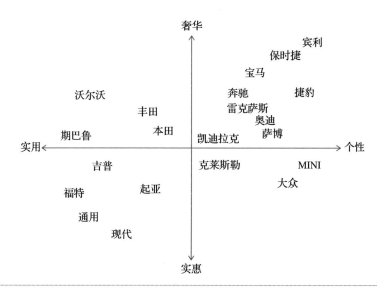

图 5-6　定位坐标有助于你了解竞争环境，并了解你的客户如何运作公司才能和竞争对手相匹敌

研究相似的公司机构

有些公司由于坚持自我而阻碍了自身的发展。竞争对手和一些偏见影响了他们认识自身处境的方式，导致他们没有最先考虑需要做出哪些改变，进而无法成功。有一个方法有助于你避免这一趋势，并可能说服你的客户采取一些其他措施，该方法就是对不同领域且面临相似挑战的公司进行调研。在 smashLAB，我们称其为参照物。

律师事务所与建筑公司有较强的可比性。两者的业务都依赖于合作伙伴及员工的声誉。调研其中一个群体就已经花费巨大，而对于潜在客户来说每一个都很神秘。尽管有这些相似之处，这两种类型的公司所展现出的风格是相当不同的。仔细研究这些差异能让你对客户的情况有新的认识，还可以避免你以过于狭隘的方式看待客户的定位。

当你在调研这些竞争对手时，给你的客户提供过多的参照物是不明智的。你可以先调研不同行业的一些群体。等到要向客户提供调研名单时，最好将选项减少到 5 个以内。这一数量已足够让你给出最重要的发现成果，并传递出有价值的东西。

与对竞争对手的调研相反的是，对参照物的调研是不需要考虑缺点的。你和你的客户都不会对那些公司所面临的问题感兴趣。记住，你不是去和那些公司竞争。认真研究参照物公司哪里做得好，以及你可以从中学到什么。这个评估过程就如同去异地旅游：你并不打算住在那里，但你能感受到那里的风土人情并从中了解到有用的知识。

考察现状

一旦你对竞争对手和参照物有个较好的了解，你就能够从不同的角度来更加认真地思考客户的处境。你可以从任何地方做起，多做笔记。分析得越多，就可以越好地处理客户的当下定位。

要谨记，不要摒弃你的客户已经做得很好的方面。哪些部分是有效的？有了脑海中的这些想法，就确定了在新的设计方案中应当抓住什么。因为一些设计师偏向于全盘推翻现有的所有材料，从头开始，目的是依据自己的方案创作出一个伟大的设计。你应该调研现有的材料并选出最好的部分纳入新的设计，此外，还要注意什么能让客户获得最好的设计并再创辉煌。

你的客户请你来设计，是因为他们对之前的一些设计不太满意，你的工作就是找出这些不满意的地方。当问题出现时要找出它在哪儿。视觉和素材之间的哪个地方出了问题使得想法没有准确传达，或没有按预期的方式呈现出来？是否有什么问题阻碍了公司的发展，而需要被清除的？什么工具没有按预期发挥作用？通常，找到这些问题并不难。只要置身情境之外，就能非常清楚地发现。明确问题不需要什么技巧，但若要直观地记录观察结果，就得借鉴一些方法了。客户会对你认为不完善的东西很感兴趣。如果你在处理这些问题时不够老练，将不利于你的工作，客户也可能不会配合你的工作。

记住，在某些时候，设计和营销方法没能很好地为客户服务也是有意义的（相互指责很容易，但这却毫无益处）。每个客户都处在一段旅途中，而你也在公司的发展中见证了每个阶段（如果你够幸运）。提供清晰且建设性的反馈，避免任何幼稚和可笑的错误。即使你有良好的意愿，这类错误也会给你带来不好的影响。

注重细节

有时，在考虑一个重大问题时，你会忽略一些基本问题，但它们是同等重要的。作为一名设计师，要想有效地开展工作，你必须考虑战略需求，完善细节，并做好两者之间的所有工作。

着手任何一个设计项目时，你必须要讨论细节，在某种程度上，去发现任何潜在的障碍。这是因为具体的要求可能会妨碍本来可行方案的实施，而在你做出任何决定之前就应该发现这一点。此外，在刚开始工作时，你可能会欣喜若狂，甚至都不去考虑客户是否忽略了他们真正重视的实用性。

让我们来看一个简单的例子。在客户大厅的屏幕上，你的一个好点子正在进行动态演示。你的客户很喜欢这个主意并让你去实现它。那么下一步你该做什么呢？花几天去构思这个作品？用一天时间完成成本分析？还是用 15 分钟快速弄清大致的花费并确定这一方案是否可行？创作的冲动会把你推向第一个选项；急需弄清精确成本的心情会把你推向第二个选项。然而，

确定这个方案是否值得你花费很多时间是第三个选项。如果答案是肯定的，你就可以做下去。如果答案是否定的，你就用最短的时间避免更大的损失。

我的观点是，如果在一开始你不问实际问题，就会自食苦果。一些重要的问题可能是："这个设计作品是如何构成的？""它是否要被运往哪里？""它的用法是否会影响制造要求？""输出设备会产生一定的局限吗？"而最重要的问题之一是，客户要为此设计作品支付多少钱？没有人愿意谈钱，但在某些时候，这一问题是必须要弄清楚的。

上述所提到的细节可能看上去是很明显的，甚至也没有必要去担忧（也许这就是为什么错失了这些细节会让人抓狂）。最令人尴尬的莫过于你刚完成了你的设计作品，但客户却认为印制此作品过于昂贵（任何做过设计师工作的人，都会有这类可怕的经历）。尽管获取公司详情似乎并不是发现阶段的一部分内容，但你仍然需要对你的工作领域有一定的认识。

始终寻找机遇

本章中所讨论的发现方法与其他任何高水平的商业评论或 SWOT（SWOT 表示评估了解优势、劣势、机遇和挑战）都可以相媲美。这一阶段可以让你准确地描述公司的运作，确认竞争格局，概况挑战和潜在的危险，以及发现潜在的机遇。

当你完成了设计过程中知识收集这一步骤时，你必然会留意一些有助于客户更好地处理事务的方法。尽管并不是你所有的观察都是准确的，但你还是要记录下所有在脑海中一闪而过的想法或看法。运作一家公司是一件令人发愁的事，甚至没有几个人觉得时间够用。这样，你就有了一个很好的机会去发现一个你的客户都没来得及发现的重要问题。

例如，我的一个客户与国外合作伙伴有业务往来，客户公司的销售额在下滑，是因为那些国外合作伙伴的用户担心距离会产生问题，同时也担心客户公司会回避一些

责任，尤其是因为时区差异引起的责任。在全面了解了这个项目后，我们发现尽管客户公司规模很小，但其工作人员很少接听电话，他们更偏向使用电子邮件和电话自动回复系统，而且我的客户认为这无关紧要，但我们发现那些国外的用户认为人工回复更让人放心。尽管解决方法很简单，但我的客户并没有意识到用户的这一想法。

你不能仅仅局限于手头的项目，而是要拓宽视野，要以开放的姿态对待任何可能会达到客户目标的信息，还要把握良机去传达这些信息（见图 5-7）。假定这些信息会给你的客户带来巨大的利益，同时也可以表现出你是一个具有非凡洞察力的人。你不必仅仅局限于做他们最初安排的工作。通过发现阶段，你可能会发现一些甚至连你的客户都没有意识到新的机遇。

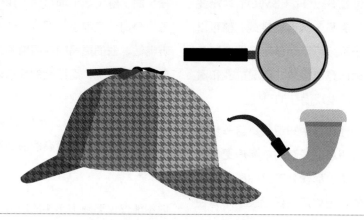

图 5-7　尽管这个帽子和烟斗可能没有明显的关联，但你却可以看到普通人看不到的东西，这个能力是巨大的财富。它可以将你和那些普通人区分开来

继续翻石头

尽管我不能指出你所承担项目中出现的所有机遇，但我可以给你指明正确的方向。你所扮演的角色也不能仅仅按照这些指示一步一步前行。你需要用批判的眼光衡量每一种情况，以翻开那些可能下面藏着宝藏的石头。

发现阶段可以让你有时间去搜寻和调研，从而让你更好地了解客户的所有信息，如他们提供的服务，以及他们目前的状况。通过有效地利用这段时间，你可以调查到这个项目的关键方面，并开始构思你的想法。如果在这一阶段有充分的观察和分析，你就可以进行"设计方法"的下一个阶段的学习。

接下来

"设计方法"的第二个阶段是规划，涉及的内容是创建一个策略来帮助客户处理问题。在下一章中，我将详细讲解如何确立目标、开发用户角色模型和情景、撰写创意简报，以及制作可行性计划。

06 | 第 6 章

规划阶段：
选择决定

在规划阶段，你要勾勒宏观战略、制订计划，以明确未来方向、观众和策略。只有规划到位，才能进入创意阶段。

设计即规划

在很多人眼里，设计只是最终呈现出来的结果，但从本节标题来看，设计确实是一个规划。设计是一份蓝图、一张图表、一个方法或是一幅简图，目的是创建一个实体作品、概念、过程和系统。家装计划是设计，记录用户与系统交通方式的流程图是设计，电影剧本也是设计。

"设计方法"中的规划阶段并不是可有可无。事实上，没有规划，就不会有设计。诚然，没有规划的创作确实存在，但这只能叫小试牛刀或信笔涂鸦，而真正的设计有着明确的目的和方法。

规划能让你专注于工作，为你的设计指明方向，确保你的步骤正确，从而帮你拿出好的设计方案。尽管规划对你大有益处，但其过程并不是乐趣非凡。事实上，规划让设计更像是一份工作。在 smashLAB，我花在设计软件上的时间只有不到百分之十，多数时候都在和客户会面，讨论他们的需求，把想法写在黑板上对其进行思考，用 Word 软件来细化整个规划，制作 PPT 来配合客户展示。鉴于你选择设计这一事业的原因，你可能很不喜欢这个职业描述，但你最好适应这一现状。规划阶段是设计实用作品中必不可少的一环。

无可否认，跳过规划阶段会让设计师更为惬意和自由。这类随性之举也更符合很多人对于创意人士的印象。但是，这种偏见不能作为一味沉溺于随性创作的借口。不做任何准备就想设计出好的作品，得靠超能力或者大师的神来之笔，你显然不大可能有这种能力，反正我是绝对没有。如果我任意为之、随性而作，便无法预知最后能拿出什么作品。所以，要提供客户所需的设计，我需要制定扎实的规划。希望你也能这么想。

设计方案由你每一次的决定积累而成，而每一次决定中又有无数具体的小决定，比如，要加粗还是细瘦字体，采用哪种印刷方法，图片要磨砂还是光面处理。即使一个偶然出现的方法，你也要斟酌许久。

在每个设计项目中你都需要做出许多决定，因此你需要找到方法对它们进行有序管理。本书中会将这些决定分组，以便它们更容易被理解。其中，最重要的决定出现在规划阶段，所以在开始时，挑出一些大的方面，接下来的决定就很容易做出。不要让规划阶段辛苦的工作阻止你决定一个明智的行动路线。如果规划得当，你便能顺利地进入创意和应用阶段。

制订明智的计划

读到这部分，有些人会对于建立策略和明确计划的概念感到不知所措。对于你的一些设计项目来说，我所展示的一些方法可能有些极端，但你需要明白，你的所有设计项目对于设计方法和行动方式的需求都是最基本的。如果不清楚自己要做什么和怎么做，你就只是在做无用功，从而无法制定出一个明智的行动路线。

在发现阶段，你开始了解客户情况并发现障碍。规划阶段帮你利用这些信息，以创造性思维去解决客户遇到的传达问题（见图 6-1）。你的策略和计划不必是惊天动地的，所以放轻松，别紧张。就像下棋，坐在棋盘另一端等着批评你的人又不是卡斯帕罗夫（Kasparov）。因此，合理地解决手头的问题，这就足够了。

建立目标，再决定实现目标的策略，这样你就能找到引导行动的合理方向。你可以利用发现阶段获得的信息进行合理预测，再形成你的规划。用户角色模型、情景、流程图、网站地图、内容清单、线框图和内容策略等工具，都为你的计划开拓出更多可能性。你也要一直批判地看待自己的方法，多问"为什么"，验证它是否

图 6-1 如果要盖房子，你肯定会有一个规划。那为什么进行视觉传达设计的时候就没有规划呢

依然适用。"设计方法"的这一阶段，应由你为客户提供的建议、创意简报和文档组成。

作为一名设计师，尽管我非常不想与高级规划或高级策略之类的事扯上关系，但我发现自己在这方面的工作却越来越多。这是因为设计不再仅仅只是手艺和技巧，而是一种帮客户达成目标的思维追求。只要你不急着立刻完成所有任务，而是使用"设计方法"来细化每一个小步骤，再遵循这些步骤，你就会做得很好。你的第一步，应该是列出设计项目的目标和目的。

设立目标和目的

大多数客户还没弄清自己想要的结果就进入了设计流程。许多人只有一个笼统的概念，如"引起关注"，却说不清自己实际想要达成的目标。因此你需要掌控局面，直面这些含糊的期待，并清晰地列出客户的目标。列表要尽量简短，三个目标即可，如果超过五个，就表明你还没有完全弄清要实现的目标。

很多人以为目标就是目的，但它们有着根本的不同。目标是宏观愿景，其本质是乐观的，不是那些骗子公司的空话。你还要抵制"创造公众意识"这样的话语。这是指什么呢？是指避免含糊不清的语言。目标应是清楚、简洁，并且没有重叠的。假设你要为一个旗下有众多品牌的健康食品联合公司做设计，要让每个品牌都能在整体展示中清晰明了。你可以将该公司的目标定为：1）以清淡、愉悦和健康的小吃

闻名；2）与子品牌和谐共生；3）为旗下品牌创造舒适的集体环境。目标好比长期愿望，而目的更像是要完成的实际任务。

目的比目标更明确，也更易衡量。因此，你可以评估自己的行动，并决定你能否达到任务初期设定的项目目的。在项目快结束时，可以回头看看列表上的目的，并评估你是否完成了这些要求。对于健康食品联合公司来说，目的应该是：1）明确各个子品牌的定位；2）确定所有子品牌的同一设计标准；3）为每个品牌创立一个单独的在线展示。

花时间来充实并完善客户的目标和目的，推动客户积极参与讨论。如果你能确定这些目标和目的，你就找到了设计拼图的第一块小拼块。然后，你就可以继续开发策略来实现这些目标。这一步或许很难，但你觉得设计真的那么易如反掌吗？

决定策略

你的设计需要一个策略，或是一个绘有各种可能路线的地图，来帮助客户实现他们的目标和目的。在决定任何策略或形成任何实施计划之前，你需要先开发一个高级别的方法或策略。"策略"和"计划"的含义不同，但却经常被混用。策略概括出你要做什么，而计划却详细地告诉你怎么做。

确定策略所付出的努力需根据具体任务而定。例如，一个品牌开发活动将影响一家公司数年，而一个线上活动只会持续六周，所以你要为前者花更多时间，并多加审慎。不论怎样，在规划阶段中，你要考虑当下和今后要做什么、怎么做。只有建立一种愿景和一种实施方法，才能满足客户所需。

开发策略时，你要确定客户想要实现什么、达到这一目标的大致方法、适用情境

（例如地域、市场和媒体），以及要吸引的人群。你还应确定用以帮助实现结果所需的大致能力和系统。简洁非常关键，策略应该要能很快地被传达，而实行策略的计划会更具体和翔实。例如，一个汽水品牌的成长策略是，在网上吸引有影响力的年轻人，以此来触及新市场。该公司通过广告接触到这类受众，鼓励青年人创作古灵精怪的视频，分享在自家品牌的网站上，再进行投票评奖。虽然这只是个大致策略，但是方向清晰，足以让设计师自信地进入更具策略性的规划阶段。

随着计划的深入，之后可能会涉及要具体地列出使用哪种渠道接触受众、你想要传达的具体信息，以及你如何激励受众。计划中还要记录要求，明确时间表，提供相关花费的详细数字。开发整体策略和深度计划需要你发挥自己的聪明才智。

凭直觉行事

策略代表了一种对什么是有效的充分了解的直觉，而且你的计划中应包括很多指导行动的谨慎思考。但是对于那些适用于你的独特情况的创意方法，你可以凭直觉行事。只有资历尚浅的设计师才会承诺结果，老成的设计师认为即便是最合理的方法也会涉及各种可能性。

和未知打交道，怎敢说出"确定"二字？所以，运用已有的东西，尽全力做到最好。在没有完全了解客户需求的本质及整体情况前，不要按直觉行事。一旦你了解了这些，便可开始考虑各种可能性，将想法串联起来，并假定可能的解决方案。

因为设计项目充满变数，所以你不可能每

次都知道自己是否选对了方向。但如果你不试着选择，便无法继续前进。当你太过偏离自己和客户的方向时，"设计方法"可以让你重新集中精力。当你想好方法并写好策略时，你的主意和方法也会被筛选：你需要完善信息传达的方式，审视谁是交谈对象，并批判地质疑自己的信息是否准确、相关和诚恳。

当质疑自己的方法时，你可能会发现有些方面并未如你所愿。在这种情况下，你要再考虑一下并进一步改善自己的方法。你需回归自己的目标和目的，也回到创意简报（本章后面即将介绍）上，来检验你做出的选择是否合适。

形成计划

在大部分情况下,你要开发一个策略,然后通过创建计划来实施它,最终提交一系列可交付的成果。你的计划不需要多,但要比策略详细。若要设计一份海报,只需要一页计划,或者一个有若干说明的创意简报就够了。然而设计一个广告活动时,你的计划就要详尽得多,因为它需要说明活动中各元素之间的关系,检查受众分群,包括数据表、媒介购买细节及市场活动目标。

计划最重要的是实际可行性。一些营销人士提出的建议过于笼统,例如"用社交媒体来吸引你的受众",这让人无从下手。这种笼统的方法只能是个雏形,只有给它加上"如何"这两个字,才能取得更好的效果。实际上,社交媒体无法吸引任何人。相反,一个好故事、一场有趣的辩论、包含相关内容的一张有意思的图片,或一则视频却能做到这一点。如果你建议客户通过社交媒体吸引受众,你应该在自己的计划中列出针对的用户、将要使用的具体工具、如何让潜在受众感兴趣以及如何激励他们,如何将这种兴奋感转化为对客户的长期价值。

在此谈到的一些问题,看起来似乎不关设计师的事。但要知道,设计师仅仅专注视觉效果的时代已经过去了。唯一可以这样做的设计行当是插画师,但那又是另一类工作了。当设计师的角色变得更复杂,你就必须了解前辈们无须知道的一些要求。

不要被规划要求中多变和多种可能的迷局吓到。你只需要专注于有条不紊地解决客户的传达问题。在你完成了"要做什么"(策略)和"要怎么做"(计划)后,你就能带着明确的期望、参数和相关任务进入创意阶段。下文中,我会介绍一些交互设计师常用的规划工具,它们非常有用,也能在你准备行动路线时派上用场。

为交互做准备

交互设计这个学科主要关注人们如何使用数字类工具（设备、应用程序等）。交互设计的好处在于，它能提供一种常被视觉传达设计师忽略的分析方法。由于本书篇幅有限，我也无法完整地陈述这一学科。不过，对这些工具有点初步了解也是大有好处的。因此，我会谈到一些交互设计的基本知识。其中，用户角色模型能帮你将设计面对的受众具体化；情景、用户故事和用例能帮你了解人们如何使用你的设计方案；流程图也提供了另一种方式让交互设计可视化；网站地图和线框图主要用于设计网站；内容清单和内容策略也是非常有用的工具，能帮我们明确设计内容及如何塑造内容。在这些工具中，一些工具在设计网站时十分有用，一些工具会在很多不同类型的设计中发挥作用。

交互产品中的众多元素（视觉、文本、编码、信息架构、用户体验惯例）复杂且相互关联，每个设计师都应从中有所领悟。

在视觉识别系统、作品集（如一系列书）或广告活动中也是一样的，所有部分必须连接起来，共同作用以实现预期结果。如同一场广告活动，即便视觉效果极佳，也会因文案不当而降低成功率。同样，即便一家网站的交互元素看着炫目无比，其用户体验也会因对用户流关注不够而大打折扣。

交互关系和内容及因此而产生的体验，和任何视觉设计处理同等重要。汽车经销商的汽车宣传册也不仅只是个宣传册那么简单。在设计这个宣传册时，你要考虑到很多因素：这个宣传册要给谁看？他们有没有什么特别的需求（家庭需求、注重环保，或者要能适应恶劣的驾驶条件）？他们对汽车、汽车经销商，以及自己的生活有何期待？你要在宣传册中传达哪种信息？这些信息听起来怎么样？宣传册中应该包含谁的看法？它如何与其他媒介相关联？宣传册设计中还需要什么元素（图片、图表、技术参数）？销售人员需要在里面加注释吗？该不该留出名片的位置？该宣传册是否需要为后续行动铺路？

只想丰富自己作品集的设计师不大可能考虑到上述问题，他们只能靠翻阅之前的获奖设计来找应付办法。但通过深入考虑这本宣传册的功能性，并借鉴交互设计的方法，你的工作方式便会更加明智。与汽车宣传册相关的所有设计问题，都可以通过后面内容中提出的交互设计方法解决。你可以先解决第一个问题，即"这个宣传册要给谁看？"以此回顾发现阶段，然后再建立用户角色模型。

开发用户角色模型

用户角色模型是虚构的用户，能够帮助设计师更好地了解设计方案使用者的真实需求。在设计过程中，你可以开发或使用用户角色模型来熟悉并验证"设计方法"。用户角色模型可以是能代表大多数用户的个人，也可以是完全虚构的，但两者目的相同。商标、产品、环境、广告或包装设计中的用户角色模型开发同交互设计中一样有用。

要创建一个合适的设计规划，就要考虑受众或最终用户，并以他们为设计基础。有时候，这点对于设计师来说并不容易：他们觉得自己的眼光无可挑剔，他们无法想象要为了提高网速而压缩一张图片，他们更不明白为什么有人说他们的网站不好用，要知道为了调试网站，他们花费了六个月时间。因此，开发用户角色模型能迫使设计师考虑到自己设计的受众。

用户角色模型是在发现阶段进行的受众实况调查的逻辑性延伸。所以到目前为止，你应该清楚地了解自己的设计方案为谁而做。那么现在，我们该补充细节了。和客户探讨 5 ~ 10 种典型的目标受众，考虑这些受众的习惯和特点，为其塑造外形和品质。

要了解他们是谁，你需要明确其年龄、文化背景、性别、生活方式、职业、受教育水平、喜欢和讨厌的事物、爱好和其他任何你需要添加到用户角色模型的特质。你还需要知道什么能激励他们。他们关心什么？他们为什么用这个设计？他们需要什么？还有，他们看重什么？想对这些人有所了解，就要运用足够的细节来了解他们的想法。

尽量避免用户角色模型的重复，额外工作会因重复而变得毫无价值。相反，多观察那些你需要打交道的人。考虑他们有何不同以及他们的需求有何变化。有些角色可作为原型，因为他们代表了用户的基本类型，而其他角色会是比较特别的用户，数量也可能比较少（这些不太普遍的例子称为边缘案例）。

下面的例子阐释了用户角色模型的创建方法。设想一下，你正在帮一家公共艺术画廊设计一个新网站，你已经了解到该网站的基础用户是几个特定群体（见图 6-2）。

参观者一般为 45 岁左右的当地人。其中，中青年参观者会参加开幕式和节日庆典，老年人会在人比较少的工作日去参观。参观者们都会通过画廊的网站来查询展览时间、近期活动安排以及闭馆时间。你可以在每一个群体中创造一个用户角色模型，以此考虑参观者的需求和特点有何不同。但这些用户角色模型并不能代表所有画廊参观者和网站访问者。除了前面提到的群体之外，带领学生旅行团的老师会利用网站上的信息来计划行程；捐款人会用网站查看股东周年大会票据，以保证自己的善款用对地方；艺术家从网站了解申请程序和截止日期；另外，不懂当地语言的记者、活动策划者、旅游团和潜在访客，受参观和移动限制的参观者及其他人都会使用网站获取自己需要的信息。

先前假设的例子由很多不同的个人组成，你可以在用户角色模型开发阶段对他们多

Wilhelm Gisbert
游客

- 63 岁
- 德国游客
- 在这个城市还可以待一天的时间
- 主语为德语，会一些英语
- 语言技能使导航变得困难
- 想参观一个主要景点
- 不喜欢使用翻译词典
- 最近买了一个智能手机
- 担心高昂的漫游费
- 需要非常基本的信息

Kenzie Pat
老师

- 年轻而热心的六年级老师
- 在郊区的一所公立学校工作
- 想要让学生参与主题活动
- 相信从"做"中学习
- 探索让学生参与的方法
- 喜欢把孩子带出教室
- 希望有补充材料
- 用这些主题活动和补充材料来
  加强课程
- 喜欢学生享受学习
- 鼓励思考职业生涯

Gyeong Uk
活动策划者

- 热情、勤奋
- 计划私人活动
- 专注高端婚礼
- 目标是活动效果超出她的期望
- 在活动代理公司工作了 5 年
- 开始自己独立进行活动策划
- 知道该城市可以使人难忘的地点
- 工作时间长
- 发现活动细节经常变化
- 价值标准灵活、乐于助人
- 在短时间内需要知道报价和图片

图 6-2　开发用户角色模型能帮你了解你的受众，以及影响和激励他们的因素。了解受众能让你的设计更具功能性

加了解。在艺术画廊这个例子中会创建十多个用户角色模型，但这显然还不能覆盖所有网站的用户。每一方的需求都不尽相同（有时甚至是天壤之别），这会影响到你如何设计网站。

从每个群体的习惯和需求中提取 6 ～ 10 个关键点（不要过于详细）。为用户角色模型起名，在网上找一些图片来代表这些虚拟的角色。尽管一开始你可能会觉得自己像在编故事，但请记住，这是一个有用的工具，它能帮你检验计划，其主要目的在于建立一些适当的例子，让你了解设计面对的受众。

情景、用户故事和用例

开发好了用户角色模型，你随后就要考虑这些人如何与设计互动，他们会如何使用设计并有何期待。通过借助其他开发工具，如情景、用户故事和用例，你会了解设计目的，并发现用户在实现目标时面对的潜在障碍。这类方法在交互设计师手中很常用，但在其他领域就少有问津。很多其他领域的设计师就是因此与好机会失之交臂，因为在非数字化设计中，使用这些工具能让你获益匪浅。下面我们来深入地探讨每种工具。

情景常用来描述一个系统的使用方法。情景的建立能预测目标、用户的知识及他们如何与设计互动。情景无须太过具体，大约一段文字就够了，但却能帮你了解重要的任务。情景通常是在项目的规划阶段创建的。请看下面的例子。

乌塔·海森伯格（Uta Heisenberg）离飞回德国的航班起飞还有几个小时，她在镇上等候的时候，旅客信息中心的工作人员

说这儿的艺术画廊很值得一去，所以她就在手机上搜索这个画廊网站，单击基本信息的德语链接，发现画廊正在举办一个当代陶艺展。乌塔热爱陶艺，也喜欢看最新的陶艺作品。她看了下时间，并快速看了下价格，然后单击网站上的地图链接查找画廊的具体方位。

用户故事讲述了产品使用者的故事。想想看，这种方法能帮你快速了解一个人如何使用一个设计产品且使用的原因是什么。用户故事比较简短，通常一句话就能搞定，无须太多细节，也不需要专业语言。你可以将用户故事应用于项目初期和整个项目始终，如下所示。

作为一名记者，我需要从网站的媒体图书馆下载一张图片，来完成我的文章。

用户用例则更为具体，明确列出用户完成行动的步骤。用例最先阐述活动的诱因，之后描述了用户和设计项目之间为

达成目标所要求的交互关系。用例可以通过检查一个程序将如何被执行来确定用户需求。以下是一个非常简单的用例。

1）一名会员收到一封提醒更新登录信息的邮件。

2）她单击邮件下方的更新链接。

3）浏览器跳转至登录页面。

4）输入邮件地址和密码。

5）然后单击提交按钮。

6）加载登录屏幕，显示会员选项。

……

诚然，上述例子比较简短、基础，甚至不像一个合适的例子。然而，它能让你快速浏览，了解此工具对创作设计有何帮助，以及每个方法之间有何不同。如果你想对这方面多加了解，可以在书本和网络上找到很多不同的方法、案例和表格。这个简单的介绍能让你即刻开始探索之旅。

就算你只会偶然用到这些工具（情景、用户故事和用例），你仍能从中获益。这些工具帮你明确要求，增加设计方案的维度，发现可能的不足。这些工具也可以通过流程图展示出来。

画个流程图

明确设计项目的相关顺序或用户流，能帮你了解设计的要求和限制。用户流可以显示出用户在一个界面上实现目标的路径（见图 6-3）。它在交互设计中很常见，但并不意味着它只用于数字领域。

不久前，我们公司帮一个城市策划一场活动，受众是当地居民和一些特定游客群体。活动的目的是让他们感受文化机遇，鼓励他们买票观看演出，并且享受城市生活。这个多层面的活动结合了数字广告展示、社交媒体更新报道、大事记、竞赛元素和一些游客参与活动的视频。

此活动中要关注的一点是：受众不能只是观看一则广告，而应以多种方式参与到整个活动中。因此，我们建立了流程图，记录了能够接触受众的多种方法、他们可能

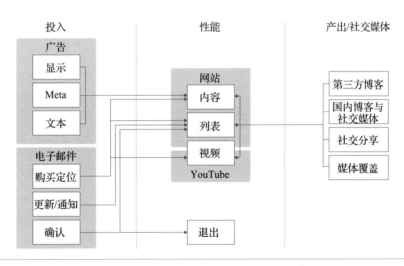

图 6-3　活动通常会比较复杂，其中很多部分相互关联。所以，我们要将用户和活动的潜在路径流程画成图。我承认，它看起来有点难懂，但却能帮我们了解需要建立什么，每个元素将如何共同协作

会采取的行动路径，以及我们如何让他们回过头来参与其他活动。遵循这样一个流程，有助于我们确定活动中需要什么元素，如何在受众参与的特定阶段推出有针对性的信息，甚至我们不需要哪种东西。最后，我们明白需要用一些信息来吸引合伙人和当地的媒体，另外，我们也可以意识到，之前选择的展示媒介无法让我们创作更大、互动性更强的数字展示广告。

像对待很多其他规划工具的态度一样，你会觉得不需要花时间来使用它们，因为你很赶时间。说得对，但这样你也无法从它们中得到任何益处。很多设计条目只有在认真审查后才能发挥作用，而草草几笔的流程图，却能发现那些多余的和无效的步骤。

规划网站地图

网站地图能让你纵观网站结构，让客户、设计师和开发人员得以概览网站情况，它可以展示内容如何分类及用户如何在页面间跳转。

在网站规划初期，网站地图是非常有用的，它能让你高屋建瓴地快速将网站具体化。尽管以文本内容为基础的内容清单能迫使你想象出它的结构，但以此来认识内容间的关系却相当困难，相比之下，简单的图表能清晰地规划出所有关联，比文本好懂多了。

建立网站地图时，你要着重分清主要的部分、页面和关系，不要让它们过于零散。另外，在创建视觉方法描述网页类型和整体重要性的过程中，你可能会发现实用性。例如，你可以用独特的轮廓、颜色或图标来区分组别、页面、堆叠的信息如大量的博客文章以及未来的页面。同样，你也可以形象化地展现层次关系。我们发现，将所有的部分划为首要、其次和再次三个分组，并给它们加上不同的颜色，这非常有用。

有些人误以为网站地图用于展示页面间的联系，但这显然不是网站地图的目的。实际上，网站地图技术帮你分清页面位置及它们如何组织在一起。规划一个网站时，绘制网站地图是一个很好的方法，它能让客户对自己的网站结构一目了然。然而，网站地图需要花时间来准备、完善并持续更新。因此，你应该把网站地图看作一个开始，并且在后续的规划设计中更多地依靠内容清单（见图 6-4）。

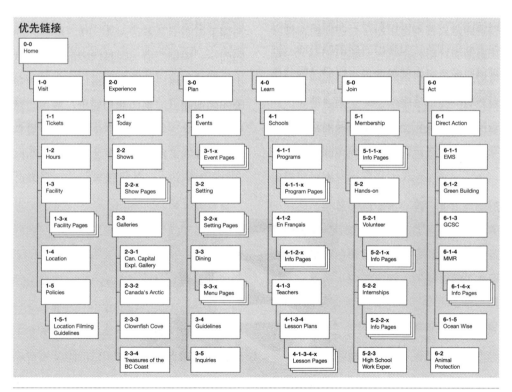

图 6-4　网站地图不是一个无比详尽的网址大全，然而，它确实能为你呈现出网站或应用程序间的关系和大致需求

开发内容清单

内容清单是网站内容的目录。它列出了页面、区域和功能，也划分了网站的文本、图像、应用程序、文档和其他有用的信息。

此清单工具应用于项目初期，用来了解已有的内容，并构造新内容。它还能帮你预计资源需求和相关费用。随着项目的进展，内容清单会成为一个实时目录，用来记录进程，明确需求且联合各方努力。在随后的应用阶段，你可以用该清单来组织新内容，保持元数据的一致性，并给不同规则命名。

如果你要重新设计一个网站，首先得审查网站当前的内容。审查应涉及完全性能列表和一个展示当前内容的清单。你应该将最初的列表和分析数据相结合，来了解哪些内容是相关的、缺失的或不重要的。这样你便能明确哪些页面应该保留、舍弃、合并、拆分或重新归类。

在网站设计初期，网站地图和内容清单应同步发展。对网站内容了解越多，你就越能加强整体结构感，并将你所做出的改动

体现在网站地图的设计中。在之后的过程中，你将会在内容清单上做出许多改动。将网站地图和内容清单在项目初期就联系起来，主要是为了向客户呈现出高端而又详细的网站结构。

我们以电子数据表的方式建立内容清单，目的是便于分类、组织和编辑。每一页都有唯一的编号，表格中的栏包括：新页面名称、新 URL、旧页面名称、旧 URL、文件类型（如 PDF）和 HTTP 代码，除此之外，还有页面标题、网页简短描述和网页模板，一些栏还设置了操作（如保存、删除等）页面、操作理由和注释栏。这样，我们便能确定文本、图像和其他内容的当前状态。

内容清单的最后一部分包含了分析结果，它记录了过去 30 天的页面访问量、过去 1 年的页面访问量及过去 30 天的页面平均访问时间。你可以按自己的想法设置标题，但这里提到的各个条目要清楚地说明每一项所包含的内容和操作方法。小网站

并不会特别重视这种具体的清单，但如果你要设计有好几百个页面的大网站，内容清单就很有必要。

这里将内容清单和网站设计联系起来，并不意味着它只适用于交互设计领域。内容清单同样可以用于杂志、书籍和其他内容丰富的作品设计上。该工具所提供的秩序和清晰度是惊人的，它能帮我们最大限度地减少失误及疏漏。

创建线框图

线框图是一种视觉指南，用来建立网页布局、导航机制和用户交互关系。它本质上是一个注重形式和功能的网页示意图。线框图的保真度差别很大，有松散的草图也有详细的矢量图，但它们的核心目的一致。和网站地图一样，它们通常被客户、设计师和开发人员当作一种常规参考。

由于线框图不使用颜色、图片或简短的文本内容，所以它不能在视觉上完整地呈现一个网站。线框图使用 Greeking（占位符文本）以及方框和线条来代表和确定位置、比例、组织及流程。在完成线框图之前，设计师不应该考虑视觉处理方面的问题。即使一本书的设计也会首先受益于缩略图的创建，它主要实现与线框图相同的功能。

我倾向于先为网站核心页面绘制草图，然后再增大草图的尺寸并添补细节。当这些蓝图更精准时，便将它们移动到一个矢量绘图程序中。线框图的设计非常关键：事实上，我认为线框图的完善比图层的创作更重要，因为系统中很多潜在的视觉规则都是在设计线框图的阶段被整理出来的。

有些人认为线框图的创建应该是以一个松散的方式进行，不需要很多细节。我可不这样想。富有成效的线框图应该能帮你明确元素间的层级和关系，帮你组织和测试网格，并确定浏览处理方式和线索。此外，你应当用线框图来设立规则，如排版标准、特定页面的字体和模板的使用，来确保你的设计有效地囊括了客户的所有内容。

一些设计师和开发人员会使用更快的开发办法，他们还没严格确定好线框图就开始草草写代码。这种不精确的办法有一定好处，尤其是当屏幕更加多样，设计模式也不得不跟着适应，此时同样的布局需要进行调整以适应不同的屏幕尺寸。

过去，你可以假定页面本身相对固定，再依此创建线框图，但现在不是这样了。尽管如此，你仍然需要花些时间来规划页面元素的合适位置，最大限度地减少潜在失误，并避免付出高昂代价（见图 6-5）。线框图设计好后，下一步就该确定要在你创建的系统中加些什么了。

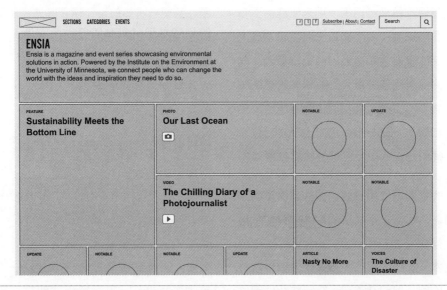

图 6-5　大多数线框图一开始都是铅笔画成的草图，随着你对它们进行改善，它们会变得十分详细，这样就更容易排版了

明确内容策略

内容策略涉及在设计时规划所有内容的创建、交付和管理。它常用于网站开发，使用内容策略能带来清晰、有序并有说服力的展示，避免了脱节、随机和潜在的困惑。明确内容策略能让你详细规划基调、风格、媒体选择、进度和许多其他元素。那些在你的网站、杂志、图书或其他内容载体上做出贡献和发布内容的人也有规则可循。

开发内容策略很复杂，因为它需要你审视一个机构传达内容的原因。如果不出意外，它会迫使你和客户进行一个重要的讨论。许多客户都坚信自己应该利用一切可能的内容传播手段。他们为机构创建博客（有时不止一个）、印刷品、微型网站、Meta 页面、推特（Twitter）账号、邮件电子报、YouTube 账户、轻博客（Tumblr）、播客、Instagram 页面，等等。过剩的传播工具将很多机构变成了内容发布者，也使得他们和你不得不去明确并塑造要创作的内容。

好的内容策略帮你和客户创造出更多一致、适合用户和情境的内容。它可以让用户有更好的体验，品牌一致性更强，速度和流量更喜人，也会带来更浓的个性，以及更明晰的整体传达和更容易扫视、定位、阅读和理解的内容。明确内容策略也提高了运作效率，甚至会影响到搜索引擎优化（并非黑帽）。

另外，内容策略会向你提供大致的建议，关于你如何塑造故事和规划内容，并提供风格指南来启发那些需要创作内容的人。其他组成部分可能包括常见术语和使用要求方面的词汇，决定何时定位或媒介方法、元数据创建框架，以及记录内容创作、审核、批准和发布的标准工作流程。

很多人误认为内容策略只专注文字内容，这种想法过于片面，内容策略的范围并不仅限于此。它能帮你确定图像的选择、使用和展示。这一工具还能应用到插画、文档、数据、视频、表单、图表、动画、alt 标签和设计方案的其他内容中。该策略还会影响外部媒体的内容，如 Meta 海报、推送信息和新闻稿等。

很少有人会给予内容足够的关注。请记住，大多数情况下都是设计需要内容，而不是内容需要设计。一本书只要内容好，即便没有设计也会流芳百世，但如果内容糟糕，再好的设计也无力回天。

既然你已经熟悉了一些交互设计工具，那么接下来我会给你一些其他与规划阶段相关的大致建议。

警惕影子计划

在规划（和创意）阶段，你总想要验证自己的选择，这很容易理解，但是，这种需要二次验证的想法并不总是实际的。尽管你或许能探明别人如何做到了你想做的事，但你要记住，每个人工作的环境不同，直接复制他人的成功之道更是不可取。影子计划就是设计师在模仿他人时太关注已有的东西，并错误地用"最佳办法"这四个字来让自己的模仿行为更容易被接受。事实上，这种捷径省去了一些设计过程，让作品受到局限，而成为毫无新意的"山寨品"。

2006 年的智能手机就是这样一个例子。作为一名早期智能手机用户，我可以告诉你这种体验很痛苦。当时微软、RIM 和诺基亚三分市场，它们的操作系统非常原始，而市场上的其他公司好像就成了影子计划的受害者。这些公司观察现有的规则，复制了一些效果好的内容，随便加个商标，就声称自己设计了一个新的手机。

苹果公司的设计师也在观察这些已经存在的东西，但他们完全不想复制那些相同的体验，所以便在自己的领域内创造了一种全新的模式。在创造 iOS 和 iPhone 时，他们没有去复制桌面模式，而是专注于手指和触摸。如此，他们设计出了一款工具，改变了人们对移动设备的看法。很快，所有其他公司都试图追赶苹果，尽管它们自己也曾引领风潮，但却无法再在移动设备领域有任何大作为了。

影子计划会让你误认为踩着别人的脚印就不会失败。不幸的是，成功并没有一条放之四海而皆准的道路，这条道路很难被发现和跟随。相反，你应该批判地思考，制订你自己的计划。

挑战自己的方案

很多设计师在提出宏观战略建议和充实设计规划时都会经历一段不适，而你必须将这种恐惧抛到一边。当你进入到一个重要项目时，如重新设计企业品牌，你就做出了一个重大的承诺。实际上，你就成了这个机构中最重要的一部分。客户需要你发挥作用，帮他们评估、规划及促成机遇，他们也需要你提醒所有参与者挑战每个假设、理念、方法、处理方式、期望和可能性。

虽然你提供的咨询和行动不一定会带来成功，但如果你能充分发挥客户的聪明才智，并保持刨根问底的个性，你就能降低失败的风险。客户或许认为没有必要做出

多少改变，还是按照自己的习惯和传统办事。但是通过问问他们为什么要这样做，你就能获得很大的启发。

问这些问题，不仅仅是为了客户，更是因为这些问题和你创作的作品和方法都有关系。这使你不得不审视自己提供的每个建议、实施的每一个方法，以及所做的每个视觉处理。再问一些关键问题。你的方案能支持客户完成他的目标和目的吗？你的策略是不是最合适的行动方式？考虑到设计小组的集体努力时，你的计划是否还说得过去？这些问题涉及明确你为什么要这样做，你的行为是出于一时冲动还是出于正确的决定。

提出建议

你会给自己接手的项目带来新鲜的观点，但千万不要忽略周围人的观点及其重要性。在规划阶段乐于发现机会，就意味着你可能会给客户提供有用的建议。

如果你有很多建议，那么要通过相应的标题（如营销、传达、用户体验）将它们分组，以便让它们更便于理解（见图6-6）。不要将你的反馈仅局限于设计上。如果你认为一些方法能让客户工作做得更好，就把它们大致记下来。因为规划是一个演进的过程，早期的建议不需要很明确。你的一些建议也可能会被拒绝，这不要紧，重要的是你有机会展现它们，还知道了它们是否有用。

此外，你应该回顾一下在发现阶段找出的问题。仔细思考每个难点，并确定自己能否解决设计方案中的这些挑战。我发现，列出挑战、写出几个要点，以及解决每个问题的步骤，这些都是非常有用的。

内容与外观建议
- 避免使用别人的内容；这会使你的创意自我膨胀或者自行缩水。
- 为你上传的每篇文档设计独特的页面布局。
- 使用案例、图片和视频内容使文档更加生动。
- 采用独特的设计处理突显你的创意。
- 预留用于致谢（如资助）的题献位置。
- 别担心过于边缘/学术，讲故事就可以。
- 避免使用过度晦涩的图片或者引文。
- 建立内容管理机制和统一工作流程。

图6-6 通过系统地列出对客户项目的建议，你能为客户带来真正的价值，而不仅仅是好看的图片和酷炫的字体

精编创意简报

创意简报是一份经过高度提炼的文件，它可以用自身精确的信息、紧凑的内容和简洁的形式让每个项目相关者获益，所以最好用一页而不是用三页纸精练概述。该简报旨在让项目的相关方快速浏览该项目，并递交给设计方案使用、创立和审查过程中的当事方。

不要让简报显得雄心勃勃、华丽辉煌，你只需简单明了地陈述出所有要点即可。说明你正在推广什么和你的设计作品的用途，还要提及你需要接触的受众和需要说的话，解释你的陈述为什么真实且有针对性，并详细阐述竞争优势，以此来支持自己的主张。另外，用三个词来描述你打算实现的基调，并用一个短句来帮助你清楚地描述你想通过这个基调实现什么。下面是我在创作本书前写的一个创意简报。

我们推广的是什么？

一本帮助设计师更好地理解设计过程，并能应用于日常实践的书。

传达的定位是什么？

说明协调一致且逻辑性强的设计过程能带来何种好处，以及给读者提供在此类情况下工作的工具。

我们的目标受众是谁？

- 职业设计师

- 设计专业学生
- 和设计师一起工作的人

我们需要说什么？

切实且程序化的工作方法能让设计师的工作协调一致，让公司高效运行，并为客户带来最合适的设计。

本书为什么真实且有针对性？

- 设计师若不重视过程，常会导致工作不够一致。

- 设计师可以借鉴书中的方法规避创作壁垒。
- 设计师工作有条不紊，客户也能因此得到更好的服务。

本书有何竞争优势？

- 明确设计的本质并阐明设计过程。
- 为创作出更好的设计提供可操作的过程及工具。
- 内容来源于职业设计师的亲身体验。

本书的基调是什么？

容易理解、实用性强、清晰且有条理（例如，这是一本容易理解的、关于设计过程的书，它清晰且有条理地提出了一些非常实用的建议）。

再次检查你在发现和规划阶段收集并组织好的材料后，你就有了完成简报所需的全部材料。但这并不意味着你能很容易地把创意简报创作出来。很可能，你在这个简短文件上花的时间比在其他项目上的还要多，你要避免使用行话、修饰性的语言和含糊的承诺。如果一提笔就是"Web 2.0——改变我们的生活"这样的句子，那你就得重写了。它们读起来应该是非常平实的，比如"一个照片共享应用程序"。

找出简报中的重复部分。如果你的描述模糊了不同的领域，说明这份简报还不够清晰。有一个评判简述的小窍门，那就是看关键点，问问自己"是和什么相比？"。表达最高级时，我们总爱用"同类中最好的"或者"最容易用的"，但这些句子没什么意义，因为已经被滥用了。如果你推广的项目真的那么容易使用，就用事实来说明这一点。好的创意简报应该能够表达清楚，并易于理解。

准备文档

功能性强的设计需要大量细致慎重的考虑，而客户和用户却几乎无法理解这一点。用一系列条理清楚的文档总结你的计划，这样你就能很容易地向客户阐释自己的逻辑和决定。

文档应该包括你的总体战略和大致计划。交互项目会用到信息架构或用户体验计划，它们可以概述你如何组织网站或应用程序的功能、结构、内容分组、交互、规则和模型。然而，项目不同，要求的文档也不同，可能是内容策略、媒体计划、技术计划或其他类型的文档。

积累你所发现的结果是工作的一部分，而把这些数据整理为客户可以理解的格式，是你工作的另一部分。所以，制作适用于所有项目的标准文档就很有意义。这样一来，你就能重复利用先前的文档，从中去掉之前的具体数据，删掉不需要的页面或部分，然后再填上新内容。较小的项目需要的文档较少，但仍需你拿出证据来向客户解释自己的逻辑。有时候一个两三页的简单文档就可以了。对于一些随意的客户，一封由小标题和项目符号整理清晰的邮件就足够了。

当一些机构希望这个过程能有更多参与者时，幻灯片就很适合于展示一个比较简明的总结。幻灯片的特点是让你必须使自己的想法和观察结果简明扼要，且直击要点。在这类文档中，要尽量避免使用长句，因为页面容纳不下过长的句子。为你展示的每个计划预留出两三个小时的时间。如果时间比这个长，就说明你的内容太细碎，超过了客户的接受程度（当他们的目光开始变得呆滞时，你就会发现这一点）。通常，你可以将这些展示分成几个部分，因为你可能会用几周的时间来完成整体计划、用户体验计划、内容策略和其他要求的计划（见图 6-7）。

展示你的发现和建议的时间可能比你想象

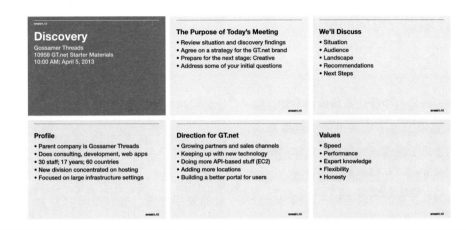

图 6-7　向客户展现工作的方式，会决定你的成败。因此你需要制作一个清晰有序的幻灯片来帮你传达想法

的时间要久。矛盾在于，你收集并记录了大量重要的想法和数据，也想完全展示出你所有的观察和想法。在准备展示内容时，请你仔细地看笔记：将所有要点按照逻辑分类，并且对它们进行编辑。摒弃任何不能添加到计划的内容，删除多余的词，合并相似的观点，并保证自己的建议是可行的。计划得越好，你就越可能成功。在第 9 章中，我会更深入地探讨展示方法和文档方面的内容。

让设计项目一直向前推进

尽管在设计项目中要让策略保持不变，但计划在整体上是不断演进的。对你来说重要的是，要确保这种演进会让你的策略更有可能实施，让目标更容易达成。项目进行得越久，就越容易停滞不前和出现偏离，甚至陷入无法解决的局面。因此，你需要定期回顾自己最初的计划，以确保自己是按照计划预想前进的。

在 smashLAB 中，我们会先通过概述创意简报来开始处理重要的文档和展示。这样能提醒客户我们做出某些选择的原因，并保证所有的项目参与方都达成一致。因为创意简报以一个更实用的方式详述了"设计方法"，让人设想起来更容易，我们

也会经常和客户谈到它。

本质上来说，目标和目的更有用。为了能更方便地参考这个简表，我把它打印出来放到桌上，或贴在旁边墙上，并常常参考，来确定我们在做一开始就打算做的事。如果偏离了方向，我也想在来得及补救时早点知道。你也应如此。你应该定期回顾你的目标和目的，并问问自己这个方法还奏效吗？如果你开始为偏离最初的计划找借口，那就停下来，好好看看整个项目，并明确你这么做的原因。有时候实现目标会遇到一些小挫折，这没关系。不要太纠结于你的想法，也不要忘记应该帮客户实现什么目标。

接下来

"设计方法"的第三个阶段是创意。这一阶段专注于探索、选择和完善想法。在下一章中，我会向你阐述该如何运用所学到的东西，继续在"漏斗"中前行。你会学到如何建立一个单独的创造性方法，以便客户可以在你制作设计作品前对它发表意见。

07 | 第 7 章

The
Design Method

创意阶段：
勾勒想法

在"设计方法"的创意阶段，你要定义一个概念并
确定设计的方向，还要评估其有效性。在这之后你
会获得客户的认可，以继续走完应用阶段的创意
之路。

"噢，是的，这是一段快乐时光。"

尽管我认为冷静地观察和思考很有必要，但勾勒想法及探索其实现的可能性却是设计工作最有价值的部分。随着发现和规划阶段的进展，快乐时光来临了！

当然，也不是这么快。在创意阶段（及应用阶段）依然要保持同之前两个阶段一样严肃的态度，而你的中心工作应是确定一个概念及设计方向。这两点有助于你获得客户信心和认同，进而进入应用阶段。形成创意概念，解决创意难题，并评估你的想法——这就意味着你必须要忍痛割爱。

在"设计方法"的创意阶段融入一些基本概念会令你获益匪浅，这些基本概念包括以下内容：与一个可以挑战你想法的同事共事，迅速有效地产生很多可供选择的想法，在项目开始时就广泛谋略，之后你要将许多潜在的想法融入一个概念中或一套视觉样式中，以便让所有相关人员做出评论及协商。

在第 7 章，可能会让你感到惊讶的一点是，"设计方法"的创意阶段不会涉及任何设计产物。相反，在这一阶段只需要构建一个基本概念，看看它的视觉效果和感觉是怎么样的。这样一来，在产生设计元素之前就可以确定你的创意计划。一旦得到了客户的认可，你就可以进入应用阶段，根据你的设计蓝本，自信创作出实体作品，进而优化你的作品。

在这一段快乐时光开始之前，让我们先了解一下哪些事情会阻碍你的创作热情。

创意难题

所有创意人士在某一时刻都会出现"空白页综合征",你将所有的热情投入到某一项目中,但没过多久这一项目却无法进行下去,而你也就气馁了。现有想法似乎都不太好,有些想法很无趣,有些想法又过于古怪,下一个想法又和你的上一个项目的想法过于相似,而其他想法又像是"山寨"的。如此,你看到的只有绝望而不是希望(见图 7-1)。

自此,你的疑虑开始滋长,心里充满压迫感,这样的感觉似乎持续了很久,尽管如此,斗转星移,时间在你揪头发、扔纸片、砸墙壁以及各种抓狂的发泄中转瞬即逝。你想现在放下这个工作,却又担心自己被当作冒充设计师的骗子,你拷问自己:为什么自己总想不出合适的点子,而其他设计师却很容易找到灵感。其实所有创意人士都会和你一样,在某个地方受挫并经历一些不确定。当你知道了这些,你就会感到宽慰一些。

图 7-1　有些人怕鬼,而有些人看到蛇会感到不安,不管怎样,很少有那么一种担忧能比创意人士在面对空白页时更严重

人们在创意阶段灵感会堵塞有以下几个原因：许多创意障碍源于准备不充分；设计师在没有准确了解他们的客户，也没有为该项目确定战略和规划之前就直接去做创意了；然后，在没有打任何基础的情况下，他们设定了过高的目标；只是读了施德明（Sagmeister）的《让你看》(*Made You Look*)、费莱切（Fletcher）的《当心，油漆未干》(*Beware Wet Paint*)、霍尔（Hall）和贝鲁特（Bierut）的《反常的乐观主义》(*Perverse Optimist*)，以及将蒂博尔·卡尔曼（Tibor Kalman）的作品归档，这些设计师就想拥有可与设计界巨头相匹敌的智慧、奇思妙想以及创意灵感。

另外一个在进入创意阶段会遇到的障碍是：从分析任务到设计作品合成和生成可能性的转换。当然，在规划阶段也需要完成这些任务，但在规划阶段却是通过语言完成的，转化为概念和视觉素材，增加了抽象性。这些复杂情形会让你的脑海里涌现出很多天马行空的想法，而之后这些想法却可能是无关紧要的。这些发散思维会给你带来很多棘手的问题。

最大的挑战是对自己和他人的期望过高，将简单的问题复杂化。你拖延时间还找各种借口：存在的障碍太多；各种参数的定义并不精确；客户的要求、预算、时间表以及其他的变化因素都是不合理的。有时这些挑战是真实存在的，但是仅仅停留在对这些绊脚石的抱怨中是无济于事的，这只会浪费你的时间和精力。相反，你应该抛去包袱，做一个实干家。

继续使用"设计方法"中的漏斗法（在第4章提到的）就可以从这些棘手的问题中找到出路，因为它可以帮你集中注意力，逐步向你的目标靠近。"设计方法"不提倡设计流程中的随意性，因为设计工作只有在井井有条的安排下才能有条不紊地推进。在本章后面的内容中，我会为你提供一些能让你茅塞顿开的点睛之笔。

在经历了规划和发现阶段后，你不仅了解了你的客户和他们的境况，同时也知道了自己要完成的目标。这样的准备工作让你遥遥领先于你的同行，因为在构思的同时，它对你的工作的逻辑性质起决定作用。

做一个有条不紊的设计师

想法是不可靠的，今天看起来很棒的点子可能在明天便一无是处。此外，大多数人不能正确地对待新点子。时间是最好的见证，不幸的是，你不能为了让时间见证这个点子是否是个好点子而停下手头的工作。要再次声明的是，掌握着一套方法有助于你做正确的决定，而不是像其他人那样被机会论所困扰。

作为一名有条不紊的设计师，你带着足够的信息进入创意阶段，就必须有一个深思熟虑的规划并做出有效的努力。不要将自己的角色与艺术家相混淆。相反，你要了解一名设计师的职责是提交一个适用于客户的设计方案，并能完成之前所商定的一切计划。

你将要探索所有可供选择的想法，分析出哪些是呼声最高的，并记录下要使用的策略。然后，你要对照最初的目标、目的和创意简报衡量一下这些选项。通过缩小选择范围做出进一步的决定，继而你就能确定适合你的创意概念的设计方向。同时，你将要继续使用第 3 章所讨论的系统思想。

开展创意工作的一些关键原则

在探索概念开发之前，你需要了解几个会影响到你创意工作进展的重要原则。这些原则很重要，因为它们可以加快为你提供好的、可行的思路和设计方针的速度。

第一，你的工作团队中必须要有一名编辑，在你提出任何点子或将实施计划交给你的客户时，他可以早早地做好初审。在机构的职位设置中，这一任务将交由艺术总监或创意总监来做。如果你的机构里没有这类职位，这项任务要交由一个了解客户和项目的人来做，但他又不能参与过创意和制作过程。作为供职于 smashLAB 的设计师，我遵循上述原则。在我担任设计师的项目中，我让我的商业伙伴扮演了这个角色。他很了解客户却未执行过创意任务，这样，他就可以从我的创意逻辑中挑刺，在这整个过程中他还能始终保持客观的态度。

第二，你必须珍惜时间并采取有效的行动，人们很容易将过多的精力投入到项目的某一部分的工作中，当你发现工作距截止时间所剩无几的时候，就已经太晚了。如此缺乏条理将会使你的作品质量大打折扣，让你的工作或生意充满风险，自身还要备受精神压力的摧残。你需要合理分配时间，做出明确的决定，提前或经常性地获取客户的反馈。这一原则有助于你避免在某处过多地投入精力而影响工作进度、项目的预算及目标的实现。对你承担的每一项任务设定时间限制有助于你制定每部分应投入的精力，同时也可减少精力的浪费。随着速度的加快，你就能够对一些弊端提早预防，让你的工作更快地步入正轨。尽管你可能会觉得工作的进展过快会导致草率行事，在这一点上，情况正好相反。这一点点压力会让你不再犹豫不决，并果断做出决定。此外，因为你在项目一开始而不是结束的时候精神高度集中，快速的工作可以让你一直保持这种兴奋感，让你在疲惫之前，可以在工作上有更大的进展。

第三，你必须要有广阔的视野，先顾全大局，再关注细节。要先研究整个设计的基调，说出你的创意概念，探索各类风格，理清你的设计过程。不要过早地做出决定。选用适当的工具会事半功倍，无须使用计算机和一些计较细枝末节的其他工具。相反，你可以在餐巾纸上涂鸦，或将想法在大页的白纸上勾勒出来。你可以使用占位符文本、低分辨率的图像和简单形状的图形，并向客户解释这样粗略的图形有助于项目的顺利完工，并且可以节省预算。在获得他们的认可之后，你就可以将之前草图中的内容精细地打造出来了。这样，你就可以在障碍变得不可逾越之前把它辨认出来。

有了所有这些原则，你就可以开始检查项目的整体基调以及它是如何影响你的设计方案的。

考虑基调

在前一节中，你对创意简报的基调进行了定义。你应该选择三个词语来描述你希望作品所传达的感觉，这三个词语很重要。因为当你在深入设计时，它们充当了指南针的作用，有助于你做出恰当的设计决定、衡量作品是否成功以及确保方案的条理性。

词语是微妙的，不同的人有不同的理解。对于我的儿子们来说，"乐趣"就意味着在游乐园里的一天；对我而言，这个词语意味着沙发、一瓶威士忌和一部好电影。你和你的客户也会对某些词语有不同的解读，此外这些解读也会随着时间而改变。这就是为什么你要研究用以描述基调的词语，将它们做成可视资料，实现一个共同的理解。

在计算机上为每一个用以描述项目基调的词语创建一个文件夹。从第一个词语开始，把从网页上搜索到的图片，以及与你对这些词语的理解相匹配的图片放到相应的文件夹中。你不应局限于这些选定的图片，而应专注于收集尽可能多的相关图片。

一旦你收集到了所有相关的图片，就可以开始为下一个词语重复做同样的工作。

接下来，检验你所选择的这些图片，你认真地考虑过这些图片是否合适吗？这些图片能准确地描述这些词语吗？每一个基调都是有区别的吗？如果不同基调的图片有所重叠，你可能需要重新思考你的选择。你是不会想用三个近义词来描述项目基调的，你需要用三个不同的词语去定义这个项目，或者客户。如果有必要，那么在这三个选定的词语交付使用之前，你还要修改它们。

下一步，创建一个情绪板。它可以是一页打印纸、一张幻灯片，也可以是一个PDF格式的页面，你所选择的图片都在其中。你可以用各种不同的方式创建情绪板。我的倾向是先从这些描述基调的词语中选择一个，然后用五个术语来尽可能描述这个词语。再为这五种相近的表达方式选出与之配对的十张图片，最后，就会有相应的十张图片，用它们来制作情绪板。

然后我会在这个情绪板上添加与之相配的图片，使每个情绪词更能准确地表现它的含义。避免出现重复图片，这样的多样性有助于为代表图片的每一个词语选择建立参数。之后对其他两个词我会重复这一程序，为它们各创建一个情绪板。

在最近的一个项目中，我们选择了"坚固""老练"和"私人"这三个词语来描述我的客户品牌的基调。在"坚固"一词的情绪板上，与它可能的联想包括稳定、工程、可靠、永恒以及力量。我们所选的图片包括一台莱卡 M9 相机、一个凳子、一块潜水表、一个车床、一棵伟岸的树、巨石强森、一把埃姆斯椅、一个德伟钻头、一辆旧吉普车和一个木槌。然而，我们为"老练"和"私人"这两个词语选择的图片则完全不同。关于基调的观察，有助于客户与其目标受众建立联系（见图 7-2）。

图片搜选是一个大工程，要耗费大量的时间。这项任务不仅有助于你限定含义，还有助于研究与所选术语相关的其他想法。之后，当你把这些情绪板呈现给你的客户时，你就能知道你和客户是否对这些想法有共同的理解。这些情绪板也会让你和客户很好地了解你将要在设计中传达的内容。

通过对基调的探索，你可以非常熟悉项目和客户之间的联系，这种意识有助于你产生各种想法。

基调：坚固
其他词语包括

- 稳定
- 工程
- 可靠
- 永恒
- 力量

图 7-2　确定基调是创作过程中的一个关键部分。通过确立这些概念和了解它们的意思，你便能和客户达成共识

如何产生想法

现在你可以开始为你设计的项目确定一个创意计划。这一活动可以称为构思过程，它涉及新想法（概念上的或者是应用上的）开发。在"设计方法"的这一阶段，你需要关注概念性的想法，让你的想法保持轻松自然，不用去担心它是否具体可实现性，因为这是后期才需要考虑的问题。你在创意阶段的后期才会开始确定视觉方面的工作，而在应用阶段你将会使用你所确定的计划来告知你的设计投资人。

构思过程只有付诸实际行动才会获得成功，而只有思考是无法获得成功的（分析会导致思考瘫痪）。通过行动，你更容易发现新的可能性。拿起笔开始写、打草稿、涂鸦。你不需要有很好的想法，甚至不用回过头去看它们。你只需要把你的想法记录在纸上、黑板上或其他设备上。你的行为和努力有助于熄灭身后那些怀疑的火焰。

尽管你可能会遇到奇怪的情况，比如，你

的第一个想法是一个宝石，这样的幸运是很罕见的。当想法出现在你面前的时候你很难清楚地看清它们。用几天的时间思考一下，你会发现你所钟爱的想法并不是一个好的想法，甚至衍生自其他一些想法。准确地评估基调，你需要用其他的一些想法做比较。此外，要在创作的过程中公正地评判想法，这很困难，几乎是不可能的。

人们有时候把想法称为他们的"孩子"，但这充满了风险，因为不管这个孩子多么糟糕，你都会全身心地投入其中。相反，你应该仔细考虑、不断反思，在必要的时候摒弃差劲的想法。然而，有时由于你非常喜欢这个想法，你会忽略它们的缺点。在设计中，丢掉客观性是十分危险的事情。一旦你着迷于某个想法，你就会深陷其中。在此后，改变设计方向会变得困难。新手设计师很容易深陷于这类问题之中。他们不懂如何正确地对待想法，以至于沉迷于自己最初的一些想法中，并投入了过多的时间和精力，尽管这些想法并不值得被如此重点关注。

针对以上这个问题，最好的解决方案是创造更多的可能性，在进行彻底的头脑风暴后，精炼和分析这些创意概念。在创意阶段有一大箩筐的想法是很重要的。脑海中闪现的每一个想法都要记录下来，再把它们丢掉、放下，然后再记录下新的想法。不必停下来去思考它们的好坏，只去不停地产出各种想法。想法越多，你就越有可能得到一个好想法。

如果想法都偏向大众化，你可以很快地记录下它们。你可能在短短的一天内就可以有上百个想法。不要给你所有的这些想法加入任何细节，在编辑的时候你就能够公正地对它们进行评估。记住，放弃一个花费了你一年时间的创意概念是非常痛苦的，但是放弃一个只耗费了你四分钟的想法就没那么难了。

产生想法突破创意局限

创意之道凝聚着你的努力，帮助你产生直接的想法，减少可能发生的偏差。然而，合成新的想法依然会引起焦虑。在这种时候，下面的这些方法将有助于你培养思路和突破创意局限。

独立的头脑风暴和编辑想法

设计要求你分析数据并综合所有的可能性。有时，你可以两者兼顾并做得很好，而其他时候这种要求却让你什么也做不了。尽管肯定有一个合适的时间让你去编辑想法，但在概念开发和头脑风暴期间你应该避免做这种分析。你的注意力不易集中，因为你一直想确定是否采取了正确的策略。在这一点上原则是重要的。不管你是在独立地进行头脑风暴，还是和他人一起，务必记录下所有的想法，无论它们看上去是多么粗略。记录想法这一简单行为能把你脑中想的各种可能性移除，清空你的大脑，让你得以再

去想别的点子（见图 7-3）。你现在的想法可能并没有任何值得称赞的地方，但是它可以引导你最终得到那个最好的想法。

图 7-3　独立的头脑风暴和编辑想法

选择最短路径

你的问题可能出在要去寻找最新颖的那个想法。大多数人想要拥有让人眼前一亮的点子，这可以理解。当你在等待这个想

法横空出世的时候，可以尝试另外一种策略：尽量用最简单的方法解决问题，即使结果不是那么优雅（见图 7-4）。比如，你的任务是为一家新开业的滑雪场做宣传。你可能会尝试去做一幅海报，其中使用 Helvetica 字体标注了报价、地址和一点其他信息，或者用你喜欢的图片制作一个精巧的视频来推销新的服务，或者写一个风格朴实故事简单的脚本。你可能在最终的视频中不会用到这个脚本，但这不是重点。这样的实践可以打破僵局，让你的思维活跃起来。一旦你扫清了所有的障碍，你就很有可能想出其他行之有效的点子。

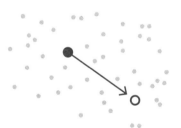

图 7-4　选择最短路径

改变你的环境

构思需要一个清晰的头脑。同事的每一个电话或邮件都会惊扰到你，打断你的思路，把你正在进行的头脑风暴打乱，最终以失败而告吹。尝试离开办公室去寻找一个清净的地方（见图 7-5）。手捧一杯咖啡、一杯啤酒或者是一个热狗，你的头脑风暴才更有可能成功。穿上睡衣懒洋洋地在屋子里转悠也是不错的方法。把想到的点子写在比萨店的餐巾纸上可能比敲打在屏幕上的感觉更惬意。如果周围的环境太过嘈杂，就戴上耳机听巴赫（Bach）、菲利普·格拉斯（Philip Glass），或者是杀手乐队（Slayer）的音乐。听什么音乐由你自己决定，但是你选择的音乐声必须盖过周围人的谈话声。你也可以改变你的工作时间，早上八点前和晚上八点后的这两个时间段是不易受到他人干扰的，在这个时间段你可以更加有效地思考。这个策略的好处有三点：集中你的思维、打破面对的僵局、改变环境以开拓新的可能性。

图 7-5　改变你的环境

时间表和最后期限会给你带来好处

过于充裕的时间很容易变成一个负担。倘若时间过多，你就会过度分析、犹豫不决、焦躁不安，最后只能产生很少的创意甚至没有任何创意。不要让项目停滞太久，否则你的灵感会耗费殆尽。如果时间充裕的话，你可能会耗费一整天的时间打扫房屋，但是如果客人马上就要登门，你会在一个小时内把房间整理得有模有样。在整理自己想法的时候也是这样。有时候你在一个想法上磨磨蹭蹭地花费了好几个小时，只有那最后20分钟的头脑风暴是真正有效的。给定一个最后期限可以促使你尽快拿出一个有效的成果。选择一个任务，确定一个最后期限，然后再着手去完成它。你可能会惊讶于一小时内居然可以收获如此多且高质量的成果（见图7-6）。

图 7-6　时间表和最后期限会给你带来好处

描述情境

解决一个问题很难，更难的是同时解决很多问题，尤其是要去解决项目中自己摸不清状况的问题。所以在一开始的时候就要尝试限定情境。打开一个文本编辑器，设置一个大的页面，尽可能简洁地写出你在做的工作。不要以为答案是显而易见就停下来。在你把以下的问题处理好之后再填写这些空白：我的客户是_____；他们经营_____；他们面临的难题是_____；我要通过_____来解决这个问题；它将会看起来像_____；它看起来像这样的原因是_____；它会让受众觉得_____；我会用以下的处理方式（_____，_____，_____）来让它得以实现；等等（见图7-7）。尽管这些技巧听上去十分简单，但它很有效。通过

```
●●●              Untitled
My clients are architects.

They make green buildings.

Their problem is that many don't want to
pay more for green buildings.

I'll solve this by illustrating the
overall savings to be found through these
methods.

It will look like a set of simple charts
and information graphics.
```

图 7-7　描述情况

移除这些挑战中的模棱两可的信息，你就能够再一次集中精力。

想法多多益善

如果只有一个想法，你就会将它视为掌上明珠。然而在构思阶段，提出大量的想法则会让你获益良多。看着手头的任务，设定一个不可思议的构思数量。例如，你的目标可能会是产生 100 个想法，500 幅草图，或者 1000 个细微的变量。这些大量的想法听起来很疯狂，但是它可以提供无数的可能性（见图 7-8）。设定了如此高的目标后，把你的注意力放在创意上，不要去分析什么，也不用去追求完美。这一技巧可以解放你，减少你的压力，创造更棒的作品。抓起纸和笔，开始头脑风暴，列出想法，要快速地写——设置一个定时器会很有用！如果你忽然有一个好主意，先把它放在一边，继续头脑风暴。一旦你花了足够多的时间（一到两天）把所有的笔记都贴到墙上，然后就可以选出最好的五个，再完善这些想法。

图 7-8 想法多多益善

向同事讲述你面临的挑战

对我来说，创意的诸多可能很容易混在一块，最后在脑中变成一锅粥，这让我晕眩迷惘，不知道到底应该怎么做。不把我的想法表述出来会让我的情况变得更加糟糕。我发现有一个方法很有用，那就是把这些想法讲述给我的一个同事听，并告诉他我所面临的处境（见图 7-9）。把想法转变成文字，也能让我更加理解它们。此外，听我讲话的人，可能会给我他的建议。这样做有双重的意义：我不仅获取了外界的意见，而且他们的意见可能起到一个催化剂的作用，启动我的思维马达。就好像一群朋友想要找一个吃饭的地方，大多数人想不到有什么吃饭的好地方，直到有一个人提出乏善可陈的建议，大家想法的闸门才会打开，随之提供出许多吃饭的好地方。

图 7-9　向同事讲述你面临的挑战

设置一些限制

在艺术学校我们做过这样的作业，它要求学生在两周内完成 20 幅作品，这 20 幅作品必须是相同主题且限定规格为 16"×20"（见图 7-10）。对此学生们怨声载道，但是最终他们上交的作业都非常有趣。而在下一次作业中老师没有给出任何要求，学生可以自由发挥。这次每个人都很兴奋，但是两周之后，上交的作业没

有一幅是有趣的。通过这两次作业的结果，我总结出，当人们受到限制时，能创作出更有趣的作品。人们只有在受到限制的时候才会突破自我，所以你要给自己工作设置一定的限制，也如限制自己只能用一种颜色作画，或者作品只能用文字表现，还可以限制在一定大小的页面上创作。无论怎样，在有限制的条件下创作，比对付无形的敌人更容易。

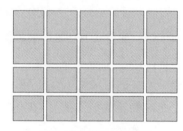

图 7-10　设置一些限制

引入随机元素

有时候你的想法会突然在一个地方卡壳。不管你怎么去看这个问题，结果都一样。如果你发现正常的思维受到了局限，那么就停止思考。尽管这看上去似乎和"设计方法"自相矛盾，但在我看来引入随机性是有效的方法（见图 7-11）。从书架

上抽出一本书，翻到任意一页，把第一个映入你眼帘的词汇用到你正在努力做的项目中。你选择的可能是一个词语、一幅图像或者是一个概念。无论你如何选择，实际上都不重要。它和你的项目没有任何关系，尽管一开始会让人困惑，但它对你是有帮助的。当你把这些独立的词汇联系起来后，会产生意外的思维火花。如果没有什么其他的影响，这一联系可能会打破你的束缚，减轻你的压力。

后拿起一张白纸重新开始，一个干净的桌面为你提供了新的可能，让你得以重新开始处理这些问题。在你的脑海里，你知道如果有必要，你可以回到之前的那些想法中。因此，这一新的创意阶段不会让你像之前一样背负压力，它的不同之处就在于此（见图 7-12）。无论你是被一个多么特别的想法卡住，你总是可以从头开始的。那不正是思想解放吗？

图 7-11　引入随机元素

图 7-12　重新开始

重新开始

如果你已绕进一个死胡同数小时或好几天，并且没任何进展，那么请停下来，把你已经做好的东西整理好，把所有的规划移出视线。拿走这些资料，这会让你走出死胡同、传统的思维以及所有的限制。然

也有很多其他的构思过程和打破僵局的方法，你可以自由选择，但在这样做的时候也不要忘乎所以。没有任何一种技巧可以生成想法和排除创意障碍。这些技巧只是帮助你改变思维方式，用全新的视角看待挑战。一旦你有了想法，你就可以开始编辑它们了。

编辑你的想法

在完成了头脑风暴之后，你会得到很多充满可能性和前瞻性的创意概念，你需要了解你的这些选项，并对它们进行编辑。有时候这一过程很快就会完成，而且你会发现你的一些想法很棒，而有些时候做出决定也不是那么简单的。

编辑并不像它看起来的那么难。如果把想法记录在不同的纸上（这是收集想法的最好方式），你就可以开始为它们分组（当然你也可以在平板电脑或者是一块白板上构思，但是这样做就无法同时看到所有的内容）。你可以按主题或方法将内容分组。或者，你可以按可取性来分组，最棒的想法分为一组，中等的想法分为一组，不太好的想法分为一组。这样做的目的是，让你不用去做那么多的决定。

你的一些方案看上去比其他的更合适，因为它们更容易解决问题，在不同的情境下更加适用，或者更适合客户的个性。排除的过程会产生一些选项，而这些选项值得做进一步的探讨，这时候你应该让一个创意编辑来承担编辑工作并允许他向你发起挑战。然而，这个创意编辑不必具有创意背景，他最好不是创意工作者。作为一个编辑，他只需要了解这个项目，基本知道你想要实现的东西。把你的方案交给他，和他一起判断哪些想法更切实可行。如果你把否决权交给这个编辑，他的编辑过程会变得更简单。因为，有些时候需要有人来打破僵局。

一旦你做出了最好的选择，项目就可以继续推进，或者，你可能选择了一些方法，进行深入调研。如果这些选项中没有一个是合适的，你就要开始另外一个头脑风暴。但是最终你要做出一个决定，然后改善这些想法。

记录创意概念

当你有了一个极具可行性的好想法时，你需要把它记录在创意概念那一页上（记住，你只需要开发一个概念，正如第4章所解释的）。在规划阶段你完成的创意简报和创意概念是相互呼应的。简报概括了你打算做什么，概念文档定义了你如何将计划变成现实。和创意简报一样，创意概念是简短的，很难用文字表述出来，因为这个想法还不够成熟，难以完整地阐述出来。

给你的创意概念一个简单的标题，把这个想法用几个词表述出来。一个概括性的标题会很有用，因为它会给你一些灵活的空间。在一个项目中，一个从事新媒体的客户要求我们为其公司标志探索新的形式，因此我们将这一概念的标题定为"新形式"。在另外一个项目中，我们认为它更适合使用手工、自然、农业相关的主题，所以这个概念的标题被定义为"农场"。有了适当的标题，你还要添加一个句子来

解释你的方案。如果你还需要做进一步的解释，就说明你的概念定义还不够清晰。

下一步，你需要为你所选定的方向提供一个理由。写一两句话解释你为什么提出这个概念。使用平实的语言就可以，因为你不是要去推销想法，你只想去确认它为什么是有用的。然后表达出它暗含的概念，要解释到点子上，告诉客户可以从你的设计概念推断出什么。不能让别人觉得你是在浮夸地表述，所以要尽可能避免使用修辞。

然后，阐述几个要点内容以说明你为什么喜欢这个概念。记下你选择这一概念的原因，它比起其他的想法好在哪里。也许你认为这个概念适用于不同的情境或者预期的观众对其会有很好的反响。在你集思广益的所有概念中，这个是最好的。用你的概念文件中的这部分内容告诉你的客户为什么它是最好的。

这一页文件的最后一部分应该是一段专门

描述基调的文字。你可以把你在创意简报中描述基调的那三个词拿来使用，但是首先要确定那三个词是否依然适用于你在这个阶段开发的概念。如果不适用，你可能要调整一下基调，或者可能要重新考虑这个概念。在这一阶段做这样的改变没有任何问题。下面这个例子用来说明你手中的这本书的概念。

概念：功能。

方案：通过提供支持每一次设计选择的理由，来验证本书中的内容。

理论基础：鉴于本书是关于用有条理的方式创作合适的设计，这种意识要融入本书的写作过程中，直到最终实现。

隐含的概念：

- 设计必须是由目的驱动的。
- 设计和信息是不会相互干预的。
- 设计不是装饰。

我们对这个概念的期望：

- 设计内容开门见山，直达重点。
- 设计方案直接明了，信息充分。
- 设计实例视觉化、形象化。
- 设计宗旨"言必行，行必果"。

基调：

- 易理解，实用，清晰／有条理。

设计概念应该是明确、实用且有用的。在你开发的优秀概念中，你会看到这些特征，如果做得好，那么你的创意概念文件就会适用于你的客户或者是设计作品针对的人群。在这一点上，你渴望把这个概念展现在你的客户面前。如果概念和设计方向相匹配，你就可以做这一步工作。但是首先你需要对你的概念多一点研究。

创意评估

创意人士在他们的工作中会看到太多的可能性，以至于过早地对他们的概念情绪高涨。克制这一倾向的办法是，严格地分析你的概念以获得一些必要的客观性，这有助于确定吸引你的不是昙花一现的概念。

当然，首先你要回顾项目的目标或目的，确定进展中的这个概念能否达到这些目标（尽管你可能认为在这一点上这些目标很明显，但复核一下总是没有什么坏处的）。如果你看到所有的点都有所调整了，那么你可以返回到创意简报，复核每一处以确保你的概念依然是在自己的轨道上运行。

用以下的问题来检验调整过的那些点和创意简报中的点是否匹配：创意概念是否适用于你的客户、相关服务或产品？它能不能达到受众的期望值？它能和预期的信息相一致吗？它能证明客户的竞争优势吗？它和所定的基调相和谐吗？你必须要有信心，你的概念不会与任何一点发生冲突。只有一点会例外，那就是基调，它会随着

概念细节的开发而不断变化，但通常也不会有什么坏的影响。

然后更加仔细深入地检查你的概念。你的概念是否适用于客户的其他要求？它可以以一个合理的成本被及时有效地制作出来吗？它会在某方面限制你的客户吗？它是否有可能与另外一个竞争对手的提案过于相似？它是一个成熟的概念，还是一个仅随趋势的概念？

要对你的概念保持严格的态度。如果这个概念无法支撑你的设计，就要反思你的方法。在构思阶段做路线调整并不昂贵，你要习惯在早期，也就是还没有夜以继日为实现你的设计而奋斗的时候，丢弃不完善的想法。

这样的评估你应该再重复两次：1）在你确定了设计方向以后，因为在那时你将要为你绘制的蓝图负责，这样可以确保你是在实现设计目标的轨道上运行；2）在应用阶段将概念实体化后。

确保设计方向与样式板相匹配

在开发出一个基本的创意概念后，你就可以进入建立视觉样式环节。要开始这项工作，你得先做更多的调研、探索、选择和分析，最后还要将它们展现在创意样式板上。样式板和情绪板的不同之处在于，它不是用于说明基调，而是用于识别潜在的视觉惯例。

在这点上，许多设计师会勾勒出想法或者综合他们自己的一套观点。尽管这样的意图是令人钦佩的，但是要付诸实践是不切实际的。要从无到有地创建出这些项目需要很多时间，一旦你的客户对你的设计视图效果不满意，你的所有努力都会付诸东流。在你进一步做出应对前，样式板可以让你快速地在设计视图上获得客户的认同。

开发样式板有助于你探索过多的可能性，让你的视觉设计更加明了，并验证你的概念。从创建一系列带有标题的文件夹开始

开发样式板，比如颜色、形式、基本的处理方法、说明、动态实例、装饰物、照片内容（记录潜在的创作题材）、照片效果（说明可能的照片风格）、材质、排版、用户体验要素。然后选择其中的一个文件夹，开始上网查询，找出符合这一概念的图像。不要过于在意最初的这些选择，这些项目中的任何一个都不是你要"托付终身"的对象。你只不过是去探讨每个样式板的主题，然后看看能从中发现什么。当你这么做的时候，你就会非常明确什么是有效的。

记住，你要做的不是去复制一个已有的设计，复制别人作品的行为不能称为设计。这一训练的目的是摸清视觉的方向，就特定的概念如何被传达与你的客户达成共识。你对"当代"这个概念的认识与你的客户对此概念所联想到的图像可能完全不同。

一旦收集了足够数量的图像，你就可以开始对它们进行甄别。在每个文件夹中选出六幅图像（超过这个数量就会产生重复），然后开始在你的样式板上对它们进行分类（见图7-13）。通常我在一个应用软件中创建这些文件，比如PPT。每一页幻灯片都要有一个合适的标题，然后给每一个图像配一句话来解释选择它的原因，并且

说明这个选择是如何与你为项目的概念和设计提供的视觉资料联系起来的。

遵循这些步骤，你将会更清晰地认识到你的设计方案是如何运作的。另外，你的样式板可以充当一个工具，有助于你把脑海中的视图提供给你的客户。你脑海中的视图和客户的是不同的，样式板可以让你在

图 7-13　样式板的功能就相当于一个工具，它能快速地确定视觉处理方式，确保你的客户可以和你一起感受到适合于这个项目的感觉

自己和客户之间建立一座沟通的桥梁，让客户对设计过程和你最终呈现的设计作品更加满意。

还有一点需要提醒：样式板是一场视觉盛宴，对我们来说，smashLAB 展示超过 60 幅图用以帮助客户了解潜在的设计，这一做法是很寻常的。问题是客户会以为所有的这些材料都会被呈现在最终的设计作品上。因此我们需要提醒客户，样式板只是让双方期望达成一致的工具，而不是代表完整的设计方案。

加强合作

大多数新手设计师会在设计的早期阶段就给客户提交已完成的设计作品。但是，在与客户达成一致之前制作任何设计作品都是错误的。尽管，你可能更喜欢独立创作设计，但客户却想要参与这个过程（他有权加入）。同样，带着设计成品去参加客户会议也是冒险的行为。过早完成设计就相当于把所有的鸡蛋放到了篮子里。如果你的客户不赞同你所建议的设计路线，你必须回到你的公司重新开始新的设计。另外，你可能会对你的客户充满愤怒。

想象一下，由于你对某个设计师的作品印象深刻，因此，你决定和他会面，讨论一下你的装修需求、期望和预算。协商之后，你同意雇用他，但要求他把开工的时间推迟到暑假之后。夏天过去了，你给设计师打了电话，准备开工。他听到你的声音很高兴，并让你快点去找他，没别的，"就是要给你一个惊喜！"

这句奇怪的话让你预感到些许不安，急忙驾车前往新家地址。抵达目的地后你看到曾经的那片空地已坐落了一个新家，喜气洋洋。设计师带着你四处欣赏着，问你觉得怎么样。尽管他很热情，你却被吓坏了。你不想要这个房子，它和你想的不一样。他不是应该先把施工计划、图纸或者材料的样品给你过目吗？你不是应该也要参与决策吗？你是接受这个房子还是让他按照你的要求进行改建？

这种情况好像不可能发生在现实生活中。但实际上，当设计师没有了解客户的期望就过早提交自己的设计作品，他们就是做着类似的事情。这一倾向会让你和客户相互疏远，迫使你重新开始，并让所有的人失望。要避免把事情弄糟，你就要提前提供规划和蓝图。在创意阶段，蓝图包括一些创意概念、样式板和其他一些内容，这些有助于你的客户了解你的想法并对项目的进展感到满意。

获得客户的认可

一旦你对创意规划充满信心，就可以准备把工作内容提交给客户。你要准备一个演示稿把你的观点表述出来，用视觉案例解释你的想法，并回答所有的提问。你要从容不迫且确保准确无误。把你的想法清楚地表述出来很重要，如此一来，你的客户在了解详情后会予以你支持。

在这次会议之后，你可以给客户提供一份文件（通常包含演示文稿和演讲稿中所有内容的 PDF 文件），在文件中对细则进行详细分析。这样做可以让他们在私下回顾你所展示过的内容，更便于他们提出意见。一旦他们准备好了问题，你就可以再去见他们，回答任何问题或者讨论相关问题。在那时，你可以修改文件中的内容或者如果有必要可以再次进行头脑风暴。

如果客户要求你对文件进行一点小的改动，也不要过于担心。以我自身的经验来说，只要遵循在发现阶段中获取的信息，这一审核过程总是很顺利的并按照之前的规划执行每一个步骤。大多数时候，你只需要做一点小的改动就可以达到客户所要求的概念和样式。在最糟糕的情况下，你可以挖掘一些客户所偏爱的其他想法来更改当前方案中他们不满的内容。

在第 9 章中，我将会提供更多关于文档和并呈现作品方面的信息。现在我只想强调，在创意阶段，获得客户的认可对于有效和成功的设计来说非常重要。事实上，与你所制作的任何设计成品相比，获得客户认可的能力对于事业之路会产生更大的影响。

大多数的设计师都极具天赋和创造力，但当你在为他人做设计的时候，只有天赋是不够的。你能做出很棒的设计，但是如果你的客户投否决票，你的这一富有奇思妙想的设计可能永远无法实现。事实上，如果你和一个客户谈崩了，他断然地说"不行"，想要复活这一创意计划的可能性就几乎是零了。一旦你的客户主意已定，要去改变他几乎不可能，因此要尽最大的努力避免这一僵局。

我不是让你去迎合你的客户。本书简单地介绍了一个方法以引导你的客户融入这一过程，并给予他们所需的参与权与所有权、井然有序的步骤，以及可行的决定。当你让客户加入整个设计过程的讨论中，你们之间会更加和谐融洽。你要让他们充分了解发生了什么，向他们索取反馈，给他们提供一个改变设计方案和提出问题的机会。

获得客户信心的最好方法就是经常与他们沟通。如果你消失了很长时间，你的客户就会怀疑你到底在做什么。你是不是去给另外一个客户做事情去了？你是不是对现在的工作不感兴趣了？你是不是没有和他们商量就进行下一步的工作了？为此，你应该拿起电话告诉你的客户项目是如何进展的，在会议结束前要确定下次会议的内容和时间。好的设计师会深入观察、周密规划，递交可圈可点的方案，并且会和客户交流，努力达成一致的意见。

接下来

"设计方法"的最后一个阶段——应用阶段，涉及推进你的创意规划和创建实物。在下一章，我将会讲解如何绘制、检测、评估和完善设计的蓝图，给你的客户提供一个有效的设计方案。另外，我还会提供一些方法，告诉你如何建立和移交你的设计方案，并将其交给同事或团队成员。

08 | 第 8 章

应用阶段：
实现设计

确定了一个创意方案后，你现在就可以着手设计工作了。应用阶段涉及原型制作、测试、分析和完善，之后便是生产制作和持续的迭代。

创意方向指导创意实践

你已经到了整个设计流程的最后阶段，直到现在，你才觉得开始了真正的设计。许多人会觉得很奇怪，为什么不早一点创作自己的设计呢？这样想的原因是他们没有意识到设计不是单纯地构建设计实体。只有在应用阶段之前做了很好的调研、规划、构思，以及确定视觉样式之后，才可以将所学到的知识，连同规划和创意方案运用于设计中。

应用阶段的工作主要是在工作室完成。首先，你要制作一个模型，然后结合内部的和客户的反馈对其进行改良完善。当你的设计成形后，你就要对其进行反复的测试并评估它的性能。通过这一实践，你将能够确定可行路径并改良你的设计。你要一直重复这些步骤直到设计可以投入生产制作。根据你与客户达成的设计服务时间周期，在设计作品发布之后，你可能会持续这一过程——根据真实用户的反馈来进一步完善你的设计。

尽管我想说，由于你所做的细致入微的思考，应用阶段的工作变得相对容易，但事实不是这样的。你所实现的视觉效果和你预想的会有偏差，与你的客户或用户也产生不了共鸣。或者，你制作的设计原型不够好。这些都是在这一阶段很常见的挑战。但是如果你遵循"设计方法"到达这一阶段，你将会收获一个清晰的方向，这比你在一开始的时候就提供一个设计成品更容易获得客户的认可。此外，通过迭代的方法，你可以使整个设计流程更易于掌控，少受局限。

迭代：一个完善的过程

迭代是一个设计过程，它涉及一个设计的原型制作、测试、结果分析，以及用你所掌握的知识改善你的方案。每次你完成这一过程，你就进行了一次迭代，你需要重复这一循环直到你达成了目标。

视觉传达设计中的迭代与其他产品开发中的迭代是有所不同的。原因是视觉的测试相比产品的测试缺乏确定性。此外，在视觉传达设计中的表达效果比受众客户的期望值大很多（因此，你可能总是需要把标志做得更大）。比起设计产品或用户界面，你可能需要进行更多次的视觉传达设计迭代。本章我已大致描述了迭代设计，你可以将这一方法应用于手头的项目中。但是，首先你需要知道为什么迭代如此重要（见图 8-1）。

许多设计师在完善设计作品的时候都会将所有的修改稿放入同一个文件夹或文档中。之后，他们进行了调整和修改，但都无法记录他们在这个过程中的细微改动。在发觉修改变得混乱以后，他们发现自己好像又回到了起点，无法查看设计的演变，即使做出了一些改动，也无法推动设计的进展。

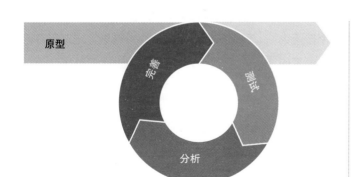

图 8-1　迭代涉及创建一个原型，对它进行测试、分析结果，进行后续完善。这一过程可以重复，直到获得令所有人满意期待的成果

如果不记录下设计的每一次修改，就很难回忆起之前所做的步骤。关于过去的迭代，你的记忆不可能提供出精确的视觉资料，它只可能给你留下少量的信息来比较和参考。将所有的材料放在一个文件中也会是设计过程中的绊脚石。当你关注于项目中的某一具体事项时，你便开始评估你的工作，不愿尝试新的方法，担心毁掉之前创建好的材料。这些不必要的障碍延缓了设计进展。

看过记录设计的每一步，使你可以分析你所做的选择，并以此做出有理有据的决定，因为比起尝试着去记忆，你更擅长评估你所看到的。甚至在开始正式创建迭代之前，你就应该对你的工作进行版本管理。给草图归类是很简单的事情，只需要给它们编号，然后把它们归入你所选的文件夹。当你在使用软件的时候这个技巧也是有效的。无论何时你对文件做了显著的改变，都应该点击"另存为"以开始新版本（我将在第 10 章中论述迭代实践的惯用命名规则）。迭代往往表现的是你在设计开发中的改变较大的步骤（通常是你将要呈现给客户的那些步骤），而版本表现的是你以自己的方式所做的更精细的变化，以开发另一个完整的迭代。

以迭代的方式工作可以减少压力。对你来说任何版本都不必是毫无瑕疵的，因为每一个迭代都是另一个的备用品。同样，你无论从哪个角度尝试都不会脱离轨道，因为你总是可以回到更早的版本。你可以修改你的方案，调整设置，并测试你能将设计推动多远。有时你会回到更早时候的一些版本并惊讶于自己之前不切实际的想法。在其他一些时候，你会看到先前的迭代优于此刻的迭代。无论在何种情况下，你都在以往基础上有所改进。通过创建原型，你将开始进行迭代设计的过程。

创建原型

尽管"原型"一词似乎更针对产品设计，而非视觉传达设计，但它依然是可行的，而且它会促使一个迭代视角的产生。一个原型是一个允许你去测试设计的模型，并让你了解到什么可行，什么不可行。它是一个早期的作品，你应该尽快地制作出来。这个模型不需要被细化，它是你设计演变过程中的一个步骤，并促进你的观念从理论向可实践的方案发展。

人们往往会对自己的想法过于宽容，有时无法意识到自己的设计可能会因为哪一处不足而功亏一篑。比如，你可能计划将带有大字标题的视觉冲击感很强的图片应用于一系列的广告牌，但你的原型可能会准确地找到这个计划的缺陷——图片或图像尺寸过大，使得它们有强烈的反差，从而使文本的辨识度降低。因此，你需要进行一个模拟测试，即使它是粗糙的。有时你在制作原型时所发现的问题只是小问题，稍微改动便可修正，而有些时候，通过这些测试结果会让你从全局性的角度进行考量。

在创意阶段，采用粗线条的思考方式会给你带来一些益处，制作原型时采用同样的方法也会受益。所以，你可以从制作简单的、精确度不高的原型开始，如铅笔素描图、缩略图，这样你可以加快设计的进展。制作原型的速度越快，测试的速度就越快，之后再进行可行性评估和确定问题所在。在解决了一些特定的高水平视觉问题后，你就可以开始应用更多的细节。

当你构建迭代时，你将会进行非正式测试来证明你的作品的价值。在大多数情况下，这一做法涉及让你的同事、上级或者是编辑（比如，艺术总监或创意总监）对你的作品做出评价。同样，你也可以获取客户的反馈，然后进行你的设计原型。但是在过渡期间，你可能会遇到一些创意方向应用上的小问题。让我们来看看一些应对这些挑战的方法。

解决障碍

在创意阶段，你学到了一些产生想法和突破创意局限的方法。这些技巧在应用阶段同样是有效的。你已经解决了许多与构思、概念、图像样式相关的重大挑战，然而，工作还没有就此结束。现在你需要将那个创意计划解读为应用设计。尽管你可以采用前面提到的技巧，但这里还有另外三个方法非常适用于这一阶段。

第一，扼杀备受你宠爱的想法。当你开发一个设计作品时，你经常发现比起其他部分你更钟爱于某一部分。你所视若珍宝的处理方案可能是一个排版风格、一个摄影技巧或者是组织空间的方式。但是在对待设计元素时你要格外小心，应当做到一视同仁，你的设计是由所有部分组成的，而不是由某一单块内容组成的。这样的元素甚至会与项目中更大的目标不一致。如果你在应用阶段卡壳，尝试忽略你最钟爱的

那个元素，这可能会让你情绪低落，但却可以带来新的清晰的条理。过段时间你再回顾此处就会疑惑自己曾经怎么会如此"执迷不悟"。

第二，尝试取消一些元素。视觉传达设计类似于矫正一个仪器。一个不起作用的设计并不是无可救药的，有时候仅仅是因为这些元素需要进行矫正。当许多元素都在运作时，要将某一个分离出来是非常难的。在这种情况下，尝试删除变量直到你将它们减到可控的数量。如果布局不协调，那就去掉所有颜色，将字体标准化，或者简化间距和层次。如果你想搞清一个运动设计中的变化，那么就移除音轨、画外音或效果。通过限制这些元素你可以更好地辨别是什么出了差错。

第三，对于你所创作的设计尝试获得一些新的观点。当我在孩提时代学画画时，曾向一个指导老师索取反馈。他只是让我对

着镜子看自己的习作而不是给我任何建议。当我照做后，我非常清楚地看到了自己习作中的问题。在设计中你也可以采用同样的方法或与之类似的方法：把它旋转90度，再把它转回来站在远处看，以倾斜的角度来观察它是否有一个全面的平衡感。或者，你只需要把设计先放到一边，几天之后再以新的眼光来看它。如果你在写文案并想找出其中的错误，那么就把它大声地读出来。如果你困在了正在开发的产品计划中，准备一份关于发布这个产品的稿件并将它读出来以确认你是否仍然坚信这个想法。调整你测试作品的方式，即使仅仅是一点点调整也足以帮助你获得宝贵的洞察力，了解什么是可行的、什么是不可行的。

使用占位符和实际内容

在应用阶段早期，你应该在视觉方面使用一些快捷方式来总体塑造你的设计并使其有血有肉。比如，图像占位符和文本有助于你组织设计，并让你知道加上内容之后的终稿会是什么样的。这个技巧可以加快你的设计进程，并避免你过早地修改设计。

在推进设计的过程中，你当然要在设计原型中加入真实的内容，只有这样你才会知道设计作品是否可行。你可能设想的是一个没有密密麻麻文字的纯朴的布局，但却发现你的客户要求加入技术信息，而这些信息还需要额外的空间。同样，客户提供的图像可能并没有足够高的质量来支持丰富的跨页图像。你可以搜索一些真实的内容插入样本中，然后将这些内容融入设计中，并看看能从中得到什么。

标题不要用希腊字体，也不要一味地堆砌单词来测试页面布局、检测布局。同样，你可以用智能手机的摄像头迅速地为你的主题抓拍，这一简单的动作可以给你提供一个真实的用于工作的图像。通过在导航中加入真实的关联以及用实际的数据填充图表也会让你获益。

在现实环境中测试你的设计并不局限于文本、图像和图表，你可以将此应用延伸到你所创建的实体对象。我经常惊讶于设计师不愿把他们的作品打印出来，也不愿将样品裁剪到作品实际的大小，更不愿组装设计。如果不将设计从计算机屏幕上转换为纸质打印版，你就不会知道它是否能达到预期效果。

制作模型这一简单的行为有助于你了解作品的样式尺寸是否合适，间距是否需要调整，或是否有潜在的装订问题需要你对设计进行改进。如果你在创建桌面壁纸，你应该将图像应用在自己计算机的桌面上。在图像处理软件上看上去很棒的图像用作壁纸时往往在视觉上过于嘈杂。如果你给一家酿酒厂设计一个商标，你需要将样本打印出来，将占位符标签贴到瓶子上，再把它放在酒架上以了解其实际效果。原本选定的商标可能不适用于圆柱形的酒瓶。我曾经为客户的信笺挑选了一种独特的纸质。之后，我发现他的办公室只有一台喷墨打印机，使用这种纸质打印过后就会变得墨迹斑斑。我建议他买一台新的打印机，事实上我曾经把我们的打印机送给他，尽管如此，他依然很生我的气。

作为一名设计师，你所做的许多工作都依赖于虚设的背景、不精确的草图，以及无从考证的直觉。这是可以理解的，而且通常创作出的作品也看得过去。然而，当你可以接触到真实的内容时，你就应该尽力测试这些素材是如何运用的。早一点采取这一步骤会让你有足够的时间在有必要的情况下改变设计路线。不幸的是，我看到过很多好的设计在加入真实内容后美感全无。但是通过模拟设计真实的使用场景，你就可以避免这种遭遇。

确定 DNA

在第 3 章中，你已经了解了大多数设计方案是如何拥有一个潜在的 DNA 的。在这种情况下，它表示在一个设计中存在着一系列的规则或潜在的特性。当你在创意阶段开发样式板和确定设计方向时，你开始关注设计方案中的 DNA。当构建设计原型和迭代时，你就会安排设计作品的构图和增加维度。

在开发基本的设计元素时，你需要确定设计的设定类型。它是一个平面的、层状的、三维的、虚构的或者是现实的空间？这种设定是线性的、随机的、堆叠的或是以其他方式组成的？这些问题的答案将有助于你解决设计中其他方面的问题。你将要解决设计的分层和比例问题，并确定如何平衡局部和整体。

随着设计工作的推进，你的选择将变得越来越精细。例如，你将会：

- 创建整体的构图并确定内容和视觉区域的分组和组织（例如，文本区域、图像区域，以及区域之间的关系）。

- 改良调色板，确定字体、字号、平衡以及其他要处理的因素。

- 概述如何处理材质、形状和线条。

- 决定将哪些条目以什么秩序放在一起，如何在视觉上实现你在早期为这个特别的设计方案创建的基调。

与之相同的思考应该贯穿设计的所有方面（见图 8-2）。例如，也许你会总结：所有的文本必须以一个着重强调的陈述开头，或每一幅图像都必须是一个运动员的获胜时刻，或每一个项目都需要提及一个特定的时期。

要确定你的设计项目的 DNA 并不容易，但是拥有这些指导方针会适当地延长项目的持续时间，并有助于你随时为客户创作更多的作品。通过确定设计的指导方针，你可以减少需要做的决定的数量。事实上，如果你彻底地限定了这些要点，在之后你就可以将制作任务交给资历较浅的设计师，让他们完成剩下的工作，而无须过度的监督。（当工作成堆而且你觉得已淹没其中的时候，将工作委托给别人是一个真正的奢侈行为。）

找一个地方记录你的设计 DNA。你可以用一个简单的文本来记录所有的概念和规则。对于更加详细的要点，使用制图法可能更加合适。通常，我会在图像处理软件上创建一个分层文件夹，记录下这些规则，并将文件夹命名为主要细则。这个文件夹中包含了颜色选择、网格结构、字体排印标准。这些参考项目在 Illustrator 矢量图形处理软件或 InDesign 专业排版设计软件上也很实用。通过留出一个页面、画板或者图层，你可以在整个设计过程中返回到任何位置。当你确定原型和设计 DNA 已完全可行，就可以征求客户的反馈了。

图 8-2　一旦被开发，设计 DNA 有助于将一个系统内的项目联系起来。它使你能够以更快的速度创作新的作品，同时将这一作品与这一体系内的其他元素保持一致

向客户展示设计原型

尽管创意项目在开始时很模糊，但在某个时刻你会意识到你遇到了一些挑战，也取得了一个合理的成果。当然，你可能并没有解决所有的细节问题，但是你知道要做什么，以及怎样做你的方案才可行。但是在向用户公开测试你的设计原型之前，你得先让你的客户过目。这样做，你就会辨别出任何有悖于要求的地方，确保客户会支持你当下的设计思路。

和客户会面检验原型是设计过程中最有压力的环节，即便你的客户对你的总体规划和视觉方向没有异议。当你开始展示作品样本时，检验才算"正式开始"，因为这是你首次将与客户的抽象化讨论变为实体化讨论。

第9章中专门介绍了如何展示创意作品，但是在这里我还是要提到这一点。想想看，你的客户并没有像你一样投入那么多的精力在设计中。你热衷于你的想法，是因为你为这一计划花费了很多时间，你对

它已非常熟悉。你和客户间的差距是，客户是从客观的角度审查你的作品。然而，你需要确保他们之前已做好了足够的功课，能够精确地理解你的设计。

在正式开始之前，先帮助客户充分完整地了解他们将要看到的内容。如果你没有做这一步，你的设计原型的初始属性可能会令人担忧，客户也不能真正地了解你的设计。你可以使用一个页面布局，然后插入真实文本，整理出一些图标和插图，放几张像样的照片充实你的文件。完善整个设计还为时过早，但是修改一个小的样品可能足够打消他们的顾虑。一些实体模型有助于推动一个建设性的反馈会议的进展，确保你在正确的轨道上运行。

在展示设计作品之前，放慢节奏，向大家清楚地解释你做了什么。客户并不是每天都和设计师一起工作，你所认为的无可争议的要点客户可能并不能领会。在你展示设计作品之前，要花时间申明概要，论

述你想要实现什么，以及用言语表达出完成设计的过程。然后在展现作品的时候，解释你所做的决定，鼓励客户提出问题，确保他们明白这些例子还只是早期的草稿。这样，他们还有机会提出他们关心的问题，并能够从你的方案中获取信心，你也能够获取他们更多的信任。建立了这种融洽的关系就是一个很大的成就，特别是当设计过程中容易出现变动的时候。

这一切的努力，为你的客户营造了可以掌控设计过程的舒适感，也让你能够做一个更好的设计师。只要让客户感觉到自己被赋予了很多的权利，他们的建议也备受尊重，他们就会给你更大的空间去发挥你的专业技能。花在解释、提问和讨论上的时间可能看似是徒劳的，但却有助于你避免任何烦琐的返工，同时还能节约时间。在做了你和客户意见一致的任何改动后，你还需要做一些测试。

测试你的方法和原型

测试是"设计方法"中必不可少的重要组成部分，它需要持续进行，以确定设计是否可行，或者是否需要更多的关注。测试不必非常正式，它可以在受控的环境下进行，可以简单也可以复杂。测试作品的方式取决于你处在应用阶段的哪个环节以及项目的属性。

针对"设计方法"的最早测试将会是非正式的，而且应该是当你在开发第一个设计原型的时候进行的。如前所述，这一实践涉及向你的同事、创意主管和客户展示你的设计过程，并让他们挑战你的设计逻辑，以使你评估自己的设计方案是否可行。当将要完成一个可行的设计原型时，你便可以拓宽你的测试范围。通过找到和目标受众拥有共同点的人，你可以更好地了解潜在用户是如何对设计原型的功能做出评价的。

设计项目的属性也会影响你测试作品的方式。例如，为了验证一个网站设计，你可以要求测试对象完成特定的操作。在会议之前，返回到你最初的计划和用例，设计出一系列有利于你的设计目标实现的任务。这些任务可能很简单，如"访问一个网站，找出营业时间"或者是"在网上商店买一个10美元以内的物品，然后把它快递到家"。这类限定性的任务非常有用，由此你可以确定自己的设计惯例在实际操作中是否也很实用。你只需要记录下用户的行为，找到共同的问题，而不是帮助或者暗示他们。在记录他们的反应和屏幕活动时让他们解释自己的想法，这有助于分析他们的行为。

你可以依靠第三方测试专业人员协助测试过程，或者也可以准备自己的测试设备。许多用户体验设计书籍都会解释如何引导用户测试，其中一些还介绍了节省预算的方法。同时，一些在线教学的技巧让你能够接近目标受众，并了解他们的需求。这些服务测试了一些特定的功能和活动，通过记录用户屏幕上的行为以及他们所说的话，你能够见证用户如何完成指定的任务。尽管存在缺陷，但这些工具能让你快速察觉到你的设计中可能存在的绊脚石。

测试不必非常全面，但依然能产生有用的启示，从我的经验来看，仅需要六个用户参与测试，就可以找到设计中最重要的问题。因此，随着设计项目的开展，你应该安排少数的人参与测试，但要进行多次的讨论会。这一持续的测试有助于你遵循一个迭代的设计过程并评估设计的进展。

比起功能不清晰的项目，测试一个有非常明确目的的设计项目更加简单。比如，测试一系列广告的转化率，即完成既定行为的观众的比例，如打电话询问报价，这有助于确认最优的版本。同样，测试一个网站注册表格的有效性也是切实可行的。如果你的设计产品能够以某种方式运行，就让真实的用户来体验它。让他们填写任意要求的部分或完成一些随机的和特定的任务以检验你的设计效果是否和预期是相同的。

测试一个复杂的设计的可行性（如一个新品牌的标识）是具有挑战性的，并且这不太可能产生一个直接的结果，因为测试的难度在于设计产品的多样性。受不同的思想和相关流行文化的影响，一个品牌需要对多个不同层次中的问题进行研究。将一个复杂的品牌引入市场需耗费数年的时间。因此，仅凭经验验证这类设计系统是不现实的，你的测试可能需要做更多的调研。

许多人偏向于使用焦点人群调研法，但是我认为这种方法是不可取的。分组的不确定性影响着测试的环境，占主导地位的个人意见得到了过多的关注，而其他参与者的意见却被忽略了。不当的构想不仅会影响测试结果，还会使你的设计偏离预计方向。反之，在测试会议之前，最好创造一个舒适的环境并为参与者提供一个安全的空间，让他们回答你精心设计的问题。而你要认真地听取他们的建议，留意他们没有提到的问题，并观察他们的行为。

你可以通过在报纸上登广告或者网站上发消息来吸引测试参与者。到目前为止更好的办法是，通过即时通信方式接触你的客户的一些顾客和用户。给志愿者提供现金、礼品卡或者与之等值的报酬，让他们做十五分钟的测试。研究他们的反应并解读他们的反馈。避免询问一些与个人喜好相关的问题，如"你喜欢这个设计吗？""这些设计中哪一个更好？"这些问题没有太大的价值。作为替代方案，尝试提出一些可以获取有价值答案的问题。你可以问："这个设计产品看起来很时尚还是很老土？"或者"你认为这个设计代表的是哪类产品？""你认为这个设计好不好？"这些问题有助于比较人们对你的创意简报的不同反应，然后评估你的设计是否产生了期望的效应。

分析测试结果

大多数从设计测试中获取的结果很容易解释并效法。比如，如果用户在网站找不到某个关键区域，你就要修改这一区域的路径使其更突出。如果用户普遍误解你的广告中的信息，你就要重新考虑传达的内容。如果用户的反应与预期的不同，你就要更换所使用的风格。

有时候你需要通过考虑一系列的问题来更加严格地分析测试结果。测试环境合适吗？任务解释清楚了吗？询问的问题正确吗？进行如此更为严谨的测试是因为，一些客户认为征求随机的意见和进行测试是一样的。他们会把早期的文件钉在办公室的公告板上，在没有给员工解释设计目标和计划的前提下就先询问他们的意见，或者他们可能会把测试材料带回家让他们的孩子谈谈对这个设计的看法。不要笑，我亲自实践过这种类型的"反馈"。

要辨别一个特定的使用问题或模式，不用放弃你采取的路径。这一发现可能只是说明了进一步的思考或迭代法是必要的。当你在探索较为主观的问题时，深入地研究问题本质非常重要，因为参与测试的人员的观点会受众多因素的影响。通过视觉设计测试得到的结果仅仅是帮助你辨别值得进一步调研和挖掘潜在功能的领域。

不断完善作品

当了解了哪些问题需要补救时，简单地记录下它们，再确定出问题的原因是什么。当你这样做了，你很快就会想出解决问题的办法。有时测试结果要求你重新设计。然而，大多数情况下，是不需要大动干戈的。

相反，你需要创建相关的任务，并确定完成每一项任务的人选。例如，一些改动需要内容创作者、网站开发人员和项目经理的参与。确定这些任务的完成顺序，并和那些参与者交流，以确保所有的参与者都清楚自身的任务。

在迭代过程中的每一个环节花费过多的时间是错误的。要保持你的进度，还要快速地给出多变的创意。你不需要改写整个计划，只需要确定问题出现的根源并纠正这些问题。我经常惊讶于一些小的调整会使得一个几乎瘫痪的设计重新运行起来。

对你的设计作品进行经常性的测试和考量是为了确定你的方法是否合理。之后用你的发现结果辅助你下一组测试的修正和改进。测试和改良能够（也许是应该）持续进行直到你的设计作品发布。随着时间的推移，你会获得新的知识，信息储备得以大量扩充，这会引导你得出更精确的成果（见图 8-3）。

当品牌在市场上占有一席之地，你可以再次调查受众的反馈并衡量新的信息和之前收集到的数据是否相符。对于网站来说，你可以设置关键业绩指标（KPI），随着网站的发展你可以回顾分析，并将与之前的活动及运营模式进行比较。同样，在关键的页面，你可以进行 A/B 测试或者多变量测试。这些方法涉及对一个页面创建两个或多个版本，每个版本只有微小变化。上述技术有助于确定哪一个设计能最恰当地呈现出设计内容，而这些技术只是冰山一角。

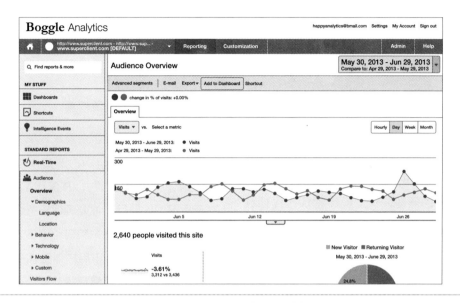

图 8-3　一定要持续地测试设计，从设计刚刚推出到发布后，这样你就能够从真实用户那里获得信息，让你的创意作品更加完善

一份月刊、一封电子营销邮件，或者其他重复设计项目都适合进行持续的测试、评估和调整。这些项目可以定期修改，也不会消耗过高的成本，还能不断地得到完善。广告，尤其是数字广告，也会从迭代改良中受益，因为调整的花费并不多，推出新版本要花费的时间也不多。

设计过程永远不会真的结束，如果设计只有单一的结果，那么汽车制造行业也不需要动脑筋去改善早期的车型。技术、用户、预期和需求总是在不断改变。设计思维可以训练你在一个特定的时间产出一个最好的作品，之后随着时间的流逝你的设计会更加完美。

让设计成型

一旦确定了设计原型的功能性没有问题，也做好了推进的准备，你就可以进入到制作阶段了。这一步骤涉及确定处理方法，建立一整套更为详尽的设计资料，解决一些幕后的问题。一些设计师认为设计会受到这些因素（一个必要的却也是无趣的步骤）的影响。但是作为一个优秀的设计师，你应该了解你的工具，合理地计划时间，细致地对待工作以避免破坏其他可行的办法。精心制作出来设计作品能产生好的结果，客户也会愿意交给你新的项目！

如果你一直遵循"设计方法"，你现在的感觉就会非常棒，因为你的设计中包含了广泛的相关素材（发现阶段），确定了一个可行的行动路线（规划和创意阶段），创建了客户认可的设计原型（应用阶段）。之后在制作过程中你需要秉承同样严谨的态度，其中包括幕后琐事的管理，从文件准备、材料选择到设计资料的安排与分配，你还可以追踪问题、变更要求，以及

与同事和合作伙伴交流沟通。

对于印刷品，制作过程涉及采购纸张，确认印刷方法，选择印厂，整合预检校样（确定提供了所有文件），并做印前检查；对于标识设计项目，你要确保它符合客户的文档标准；对于网站和应用程序，需要你对 PSD 素材文件和用户体验惯例记录进行组织和清理，了解链接状态，确定屏幕断点、动画以及其他一些开发人员在创建设计的时候要了解的细节；社交媒体宣传项目可能会要求你制作一些产品展示，这样当活动策划经理有需要的时候就能从容应对；广告项目的设计需要符合一定的技术规范，如尺寸、文件大小、格式甚至文本和图像的比例。同样，你得考虑用户所能接触到的所有地方，从确认对话框到电子邮件通知，并不断更新以确保这些元素都保持了品牌一致性。

制作环节属于资源密集型活动，需要有很多的时间以产出产品，完善各个组成元

素，并解决所有可能出现的新问题。除了给定的时间，最好能够恰当并精确地完成这项工作。你也需要继续完善你的决定，以巩固设计。你认为这一部分已经结束了，现在可以轻松地欣赏自己的佳作了，但事实上设计作品需要一直完善。那些优秀设计作品的创作者在提到他们的制作习惯以及运营设计公司的方式时依然一丝不苟（第 10 章中会对这些问题进行详细介绍）。

在制作过程中你应该创造一些工具，并学习新的技术以加快你的进程（见图 8-4）：定义样式表就可以实现用鼠标或键盘的快捷键来设置文本的格式；创建 Photoshop 动作以加快图像处理速度；确定关键插图的尺寸和处理方式，并以此作为基准图像资料库。将这些功能分类得越清楚，之后的制作过程就会越快、越顺畅。在制作过程中有效地实现预期目标，有助于你在项目的最后期限前完成任务，并保证公司的盈利。

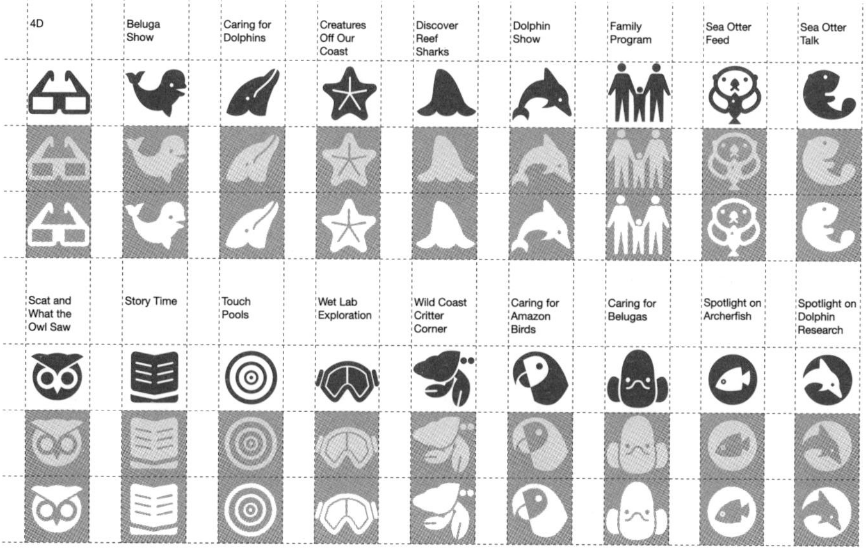

图 8-4　我们为新的温哥华水族馆网站设计了上百个图标。为了加快所有工作的进展，我们使用的是标准化尺寸，创建了通用的图像处理方法，甚至可以自动输出图像

留意创意简报

制作过程中的痛点在于你可能过于关注要达到的最终目标，而忽视了对于项目完整性至关重要的细节。幸运的是，你可以参考在项目开始时做的创意简报（创意目的和目标）。经常性地温习那些规划工具，并确定你所做的决定依然没有偏离目标。如果偏离了，就放慢脚步，并在无法挽回之前弄明白是哪里出了偏差。

大多数时候，你当下的进展和输出与创意简报中的内容是相符的。然而，当项目经过了多次改动或者停滞太久，你也许会发现某一个细节已经记不起来。记住，你在项目开始的时候就绘制了设计路线，随着项目的进展应依然关注于此设计路线。现在，不要忘记那个设计方案图！

创意简报也是一个很有用的工具，它能将你的客户拉回到手头的任务。在项目接近尾声的时候，一些客户就会发挥想象，想让设计变得更加新颖有趣而不再关注他们原本的目标和目的。如果你预感到了这一点，就和你的客户一起回顾创意简报，在项目继续推进之前让他们再一次赞同之前的规划。在这一阶段，偏离简报会增加客户的成本。明确这一点，不要让步。既然有了自己的目标，为了达到这些目标，你和你的客户都不应妥协。

对细节持谨慎态度

尽管已进行了观察、规划、构思等工作，但看似很小的制作技术细节可能会让你的设计毁于一旦。如果出现这一情形，就很有可能是你没有像应该的那样仔细地制订计划。在职业生涯的早期，设计师很少会谈到这些错误，之后，当他们和其他设计师喝了几杯啤酒后就会聊到这些糟糕的经历，并为所犯的错误而感到羞愧。

想出一个好点子是很困难的，让客户接受这个点子更是难上加难。但是在解决了这些难题之后，许多设计师还会忽略一些细节问题，比如：他们没有将运费或涨价计入印刷成本；他们让资历较浅的设计师导出所有的网络图像，而新手会忘记检验文件是否已有效压缩；他们在小册子上着重强调的内容在设计中只蜻蜓点水般提了一下，最后导致这些重点内容被忽视。这些失败的教训正如你倾尽一生刻苦训练要去参加世界锦标赛的 100 米短跑，而在比赛中却没有系好鞋带。我想这些经验和教训会使你注重细节——事实上，这些细节很重要，它往往能够决定设计的成败。

经常被忽略的一点是，一个设计是如何真正实现的。如果你面对的是紧凑的时间表，这些因素常常会被完全忽视直到它们变成了真正的问题。比如：你可能会提出一个"不一般的想法"，要找支持它的信息资料，但是相关的制作过程成本很高，并超出了整个印刷预算；你设计的产品目录并不适合用信封来邮寄，这意味着你的客户必须用包裹派发它，这就给成本结构造成了严重破坏；你向网站开发人员展示已完成的广告设计图，却发现所能使用的技术并不能支持你的好创意。原来，你的"简单的"想法并不是那么容易实现的。也许你应该早一点和你的开发人员沟通？

你对制作过程中的具体细节所持的焦虑心态可能是瞎猜疑。然而，倘若你接手的是成本很高的项目，就算不顾你的声誉，你也不能冒风险，你需要认识到可能会发生的最坏的情况。不要任由它发展。也不要抱有侥幸心理，问题不会凭空消失。不要认为别人可以发现你的问题。你必须紧抓小节，以防千里之堤，溃于蚁穴。

制作过程中的细节问题可以毁掉整个项目，或者让你在好不容易建立起信任的客户面前丢脸，没有比这更尴尬的事了。所以，要谨慎，对细节问题要刨根究底，思考一下你的设计作品将如何被制作出来。仔细检查你的文件，让其他人也这样做。与合作伙伴和同事进行商讨，以完善你的想法。为何要将客户无力承担的想法实现出来呢？为什么要执迷于技术无法支持的想法呢？向印刷人员展示你的作品，让他们快速地进行预算并尝试为你的想法锦上添花。他们希望你成功，不要等到最后的时刻才寻求客户关键的反馈信息（见图 8-5）。

图 8-5 尽管很少会有人要求你分享你的杀手锏，你应该自豪于你至少有能力把想法变成现实，而不是制造苦恼

准备检查清单和追踪问题

我是检查清单的坚定拥护者，它们有助于确定你是否对项目中的大多数要点都有所考虑。这些列表包含有详细的整合预检和质量保证（QA）的检查清单。它们也可以作为一个提醒箱，里面包含一些需要特别注意的细节，例如检验是否已把 RGB 格式的图像转换成 CMYK 格式，并进行最终的拼写检查。

鉴于你承担的项目会有相似的需求，你可以将检查清单标准化。很简单，有序排列且有共同任务的检查清单可以重复使用。根据项目阶段对它们进行分组，用它们来确定你没有漏掉任何细节。某些任务并不会出现在每一项工作中，这没有问题。你可以很快地跳过那些任务继续下一步的工作。

尽管你在每个项目中都使用了检查清单，但在特定的项目中要具体问题具体分析。对于这类问题的管理，设计师要向开发人员学习，因为他们经常记录 bug。他们

所使用的工具有助于系统地追踪错误，包括优先级设置、审批记录和截屏。大多数网站项目中，这些错误列表，在项目接近尾声的时候甚至会推进项目的进展。

在项目中，我很少会忘记要完成的任务和要解决的问题。这并不是由于我的记忆力好，恰恰相反，我完全不相信我的记忆力，你的记忆力也是不可信的。通过精心制作的检查清单和要追踪的问题，你就不会忽略这些细节。

如果你和团队共同工作，你要找到一个能让所有团队成员填写项目清单的工具。这些工具也有助于把任务分配给特定的组别，以及追踪是谁完成了这些任务。如果你不喜欢使用数字工具，那么在墙上贴张大纸，写上问题和要做的修改。只要做了这些事情，至于如何追踪这些细节就不重要了。

即使是最明显的问题和提示也必须写在

列表中。要知道，将这些项目中涉及的所有细节都囊括在内是非常重要的。将这些担忧从脑中清除以减轻你的负荷，

这样，你就可以在工作压力袭来之前将这些问题处理好，然后就可以安心地睡个好觉了。

在项目完成之前发现错误

花费在一份工作上的时间越多，你的观察能力就越弱。用一个例子来打个比方，你家浴室中的马桶是鳄梨色，当你第一次看到这个可怕的东西时，你发誓一定要把这个怪异的东西拆掉。但是几年之后，你可能甚至不会注意到这一曾经被视觉排斥的东西。同样，在设计项目中不再对问题保持敏感是很危险的。应对这个问题的方式是，确保项目在完成之前要有多方参与到审查中。

制作不是一个追求微妙的阶段，在数字项目中，测试每一个按钮并与你的功能型原型链接，改变设备、浏览器和设置，尽力"打破"你的设计，用截屏和记录的方式记下每一个差错，不管它是多么微不足

道。进行印刷工作时，给你的办公室员工分发大号红色马克笔，让他们轮流检查样张，圈出发现的所有问题。这些员工不必是设计师，因为往往那些不熟悉你的设计风格和手头工作的人们更容易发现问题。

在质量评估阶段，进行必要的修改，然后把工作依次转交给下一个人。这样，你就会避免相互冲突的重叠修改。将作品同时转交给多个人评估反而会引出更多的问题。一定要记得将你希望检查者做的事概括出来并告知他们。你想让他们检查图像吗？核对文本内容吗？试用设计产品吗？如果你不把要求说明白，他们可能甚至不会想着要记下他们发现的问题。

准备发货

根据项目的不同，收尾任务也会有所不同。因而，在此我会提到几个重要的建议。你可以自己定义设计过程的这一部分，并将其作为你的特定项目的必要内容。

如果你正在做的项目需要启动预热，你就需要安排好预热活动。了解你的供应商，检查好你要交给他们的东西，给他们提供充分的时间来理解和接受你的项目，明确你想从他们那得到的东西。与供应商进行一次畅所欲言的会议是至关重要的。当你找到了好的伙伴，不要错过他们。好的印厂，就是一笔巨大的财富，你要让他们开心，如果你已经把工作交给其他印厂做，就别再让印厂报价了。此外，你要交给他们条理清晰且易于着手的文件。哦，还有，要准时付款（他们似乎喜欢这样）。

在关键时刻明确地记录下客户的认可。在设计作品准备印制之前，让你的客户在上面签字验收，或者数字签名。不要草率地接受口头认可，这不可取。你要保护自己，以防你没有按照客户所期望的方式解决问题。一定要让他们一而再再而三地确认细节内容。我最初做的一个项目是给一家公司设计简介小册子，我输错了客户的电话号码。客户方甚至没有一个人注意到这个问题。幸运的是，在设计作品打印成稿之前我发现了它。

在交互项目中，你需要把你的工作转交给内容创作者和网站开发人员。在转交工作之前，清楚地告诉他们这个作品的相关细节。确保你提供了他们所需的内容以便能成功完成工作，让他们在遇到问题的时候可以询问你。在有其他需求的情况下，你的设计也需要是灵活可变的。比如，开发人员可能要修改一些形式元素以便它们可以在整个网站内运行。尝试做一些合理的妥协，而不是退回到某个环节，这可以避免让设计变成其他组员的负担。大多数设计方案是合适的，不必改动。

设计项目最后阶段的需求清单各不相同，每个项目都有自己的列表。应用程序和网站项目需要向股东展示，还可能会公开发布。同样，你可能需要指导他们使用你的设计，或者指导他们相关的管理方式，以及让他们了解设计的内容。客户也要进行详尽的质量保证测试并规定一个试用期，在这期间你需要能够迅速处理问题。广告材料需要做大量的核查、修改、验收和调整。此外，你需要准备相关文档，包括品牌和公司标识项目以及客户方补充的其他设计资料。

对我来说，讨论你将要在每个项目中遇到的各种细微差别并不实际。然而，我的建议是，你要把制作环节和设计过程中的其他部分同等对待，对任务和问题要列出明确的清单，在搜寻潜在的障碍时要保持机警。你的客户并不了解制作过程中出现的问题，他们也不必了解。他们必须对你有信心，相信你能按时、按预算交付优秀的设计成品。

接下来

现在你已经学会了如何实现设计，也已经做好了将设计投入使用的准备。下一章中我所提供的信息是关于你和客户的互动管理、规划和设计方案的呈现，以及设计过程和想法的记录。这些任务会使你成为一名更专业的设计师，也有助于你在设计过程有效地引领客户。

09 | 第 9 章

The
Design Method

面向客户，
彰显创意

现在，你已经了解了"设计方法"，因此"推销"
想法就成了当务之急。这项任务要求你确立明确的
角色，准确地呈现你的计划，用紧凑的方式来记录
你的"设计方法"。

与客户互动，迈向成功

一些成功的设计公司制作着很糟糕的作品，相反，许多伟大的设计师经营着勉强不会破产的设计公司。原因是什么呢？经营设计公司是一种生意。相比那些追求卓越设计的设计师而言，经营设计公司的专业人士更易成功。你可以喜欢你所做的事情，创作出好的作品，并可以有所盈利，但是如果你不能有效地与客户互动，你就很可能会失败。

具备传达想法、呈现可行性计划，以及说服他人的能力非常重要，它可以确保你的作品的成功。此外，你还必须促成富有成效的会议，处理和你不太相关的公司政治、潜在的障碍，以及在问题失去控制前及时反应并确定解决方法。

许多设计师讨厌工作中的这个部分，宁愿让其他人去做。然而，如果不能与客户紧密合作，你就不能创作出好的设计。你需要对自己呈现给客户的作品抱有信心，积极传达你建议采用这些方法的原因。

不要中伤客户

当你阅读设计方面的博客或参加设计师的聚会时，你可能会看到这样的情形并被吓到：所有的客户都巧妙地设计阴谋去破坏优秀创意人士的生活，或者，也许他们只是无能的笨蛋，无法理解 en 和 em 之间的差异。真是无知的人！

这些刻薄的文章和评论不仅仅是设计师们的发泄，它也反映着一个具有挑战性的合作关系。在这样的合作关系中，有时候一个几乎没有任何设计经验的客户被迫去指点设计师的工作。很奇怪的见解，是不是？这就像马克·库班（Mark Cuban）给达拉斯独行侠（Dallas Mavericks，原名达拉斯小牛）篮球队成员提供一些打篮球的建议一样。当然，他拥有这支球队，但他能表演一个漂亮的上篮吗？

不幸的是，设计师们很少能规避这些阴险的攻击，并需要花费时间去改变与客户交流的方式。任何一方都没有打算让另一方痛苦，这只是个艰难的工作状态（见图 9-1）。想要改变这一点，你可以与你的客户共情，并尽力去理解他们的背景和处境。你也需要同他们清楚地沟通交流、参与决策制定、定义角色，为你的客户排忧解难、很好地展示你的工作，以及记录你的计划。通过采取这些方法，你可以成功地完成项目，这正是你的客户需要你去做的事情。

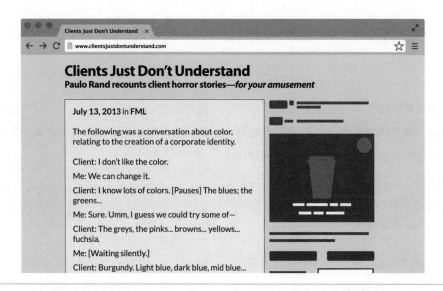

图 9-1　阅读这种尖锐讽刺客户的博客帖子很有趣。不幸的是，这些帖子会影响你的观点，也会让你变得很刻薄，而不是询问怎样才能让这一局面往好的方向发展

客户的实际情况

对于你来说，设计是如此简单。你花了人生的大部分精力致力于追求它，比起其他你了解的行业，你对自身事业的感觉更加强烈。你认为自己的工作很重要，又让人愉快，而且自己在设计上付出了大量的努力。然而，你的客户并不知道这些。他们不了解你对设计的付出，不了解你努力地工作让他们开心，或者不了解你心甘情愿地接受收入上的风险只为让这个项目成功。你的客户不管是在工作中还是在生活中都有一系列的问题需要处理。

坦率地说，你的客户很有可能会害怕整个设计过程。在最初的几次会议中，你提出的意见也许听起来很合理，并且项目顺利进行。但随后这个项目被证明其代价很高，而且让人感觉不可预测。你的要价比其他所有的投标人都高，你的客户就必须向他的老板要求增加预算。他努力获得额外资金，并且雇用你，现在他的声誉取决

于你的设计成果。老实说，现在情况看起来不是很好。他以前从来没做过这样的项目，整个过程对他来说都是不熟悉的。你念叨着他不熟悉的行话，不考虑他和他的同事们做出的贡献。当他尽力帮助提出想法，你就显得不高兴，为自己辩护。他不知道什么时候可以要求有变化，不知道什么是合理的要求，或是不知道哪个修改需要你花很多时间去完成，也许他的公司会为此花费更多的资金。

在你指责客户之前，先问问自己会如何处理这样的情况。想象一下，你为某个大型项目选择了一个团队，团队成员要求有一大笔资金投入，而合同上列出的可交付成果却是模棱两可的。如果这项工作失败了，你会失去全部投资。这里没有保证。客户和设计师之间的关系有些紧张，这有什么奇怪吗？幸运的是，我们有办法让这种情况变得更容易处理。

良好的沟通（或许是过度的沟通）

设计是一种交流的媒介，同样它也是一个传达的过程。设计只是你工作中的一部分，另一部分是你给客户提供服务的水平。为你的客户建立积极的体验是至关重要的。那些雇用你的人需要安全感，需要被倾听，需要被尊重。他们想要知道你是代表他们工作，而不是做些事情来丰富你的作品集。他们需要明确地知道你做所有决定时的理由。

关于创造性工作的讨论是很困难的，因为这些讨论可能会是主观的，这会导致有误解的评论。所以，你要付出更多的努力去准确地传达你的信息。电子邮件很容易被误读，所以最好打电话或见面讨论要点。如果不确定客户所说的事情，你一定要问清楚。客户不会介意自己多做一些解释，因为这就不用在晚些时候重复他们所说的话和想法。

你的客户可能并不熟悉你所使用的技术语言和术语，所以要避免使用行话。当你必须使用具体的设计术语时，一定要精确解释术语。你不必简述你的信息，但也不要期望你的客户会关心 × 高度、非对称平衡或格式塔原理。一定要倾听他们行业中所用的术语，熟练使用他们的"语言"（如果你对他们的工作表现出极大的兴趣，他们会很高兴的）。

你要公开谈论时间表和可交付的成果，并承认问题的存在以及如何解决问题。如果你犯了错误，要知道承担错误，避免让你的客户承担你的压力。你要关注他们的项目，看一看如何能够帮助他们。提醒他们你为什么要如此行事以及你使用的方法如何帮助他们实现目标。

多说"是"少说"不"，不要总是想着障碍，要寻求有可行性的解决方案。让你的客户有信心提供反馈，并提出问题。在此建议的所有交流要点都将有助于项目的顺利进行，但如果你的主要客户改变了中期项目，这些建议和反馈可能就没有价值了。因此，在最开始你就需要得到那些有权利做重大决定的人的支持。

参与决策者

各种各样的人会参与到项目之中。尽管一些人可以提供有用的信息，但是有些人比其他人拥有更多的权利。因此，在设计过程的早期你就需要了解谁有批准权和否决权。找出这些决策者，确保他们在前几次的讨论会中出席。在这个时候让他们说出期望和关注的问题，以及纠正一些误解。

从一开始就不参与决策者们会议的设计师不会有太愉快的经历。一旦有了设计方案，对外勤工作不感兴趣的高级管理人员就会发表他们的意见。这些零星的参与是没有益处的。如果你正准备给一些人展示创意作品，而一些不熟悉的人出现在房间，你就要提高警惕了，他们将会问东问西。这些外行人员不明白你所做的选择，从而导致他们要求你将设计改变为全新的方向，他们完全不明白要做些什么才会到达这个阶段。

在整个设计过程中，你努力于建立和完善一个共同理解和共享计划。当你进入到每个阶段，你就会不断地适应，与你的客户达成共识。在这个过程中引入没有参加过会议的新人会容易引起争议。他们不明白为什么已经做出了某些决定，他们甚至想探索新的和不同的想法。然而，此时回到最初或是进行新一轮的头脑风暴是不可行的。

一致性对于能够及时并在预算内做出合适的设计是至关重要的。因此，那些有助于设计过程进展的内容在初期的战略性重要会议中一定要提出来。决策的制定是一个积累的过程，需要不断的参与。如果关键的决策者缺席会议，方向的统一是很难达成的。向你的客户说明他们需要参加整个设计过程中的会议，以确保项目的顺利进行并获得成本效益。

定义角色

当你呈现出你的发现成果、计划和创造性的作品时，你和客户的角色和责任都需要明确：客户的责任是找到并指出你的计划中潜在的问题；你的责任是向客户解释，并提出切实可行的解决办法。明确的责任分工可以促进有效的设计。如果这些责任不明确就会让项目处于风险中，每个参与其中的人都不会开心。

有时客户会混淆他们在设计过程中的角色（见图9-2）。你所做的工作似乎很有趣，那些雇用你的人也想参与其中，享受这种乐趣。某些（但不是所有的）客户喜欢参与你的头脑风暴和视觉形成过程，但如果

允许客户做这些工作就是你的错误。他们的角色是客观地看待你所展示的作品，指出你的逻辑是否能帮助他们实现目标。当他们参与创造性工作时，他们会根据个人爱好提出一些想法，这会降低他们做出公正反馈的能力。

你的客户比你更了解业务、顾客、历史和战略需要。因此，让他们通过自己的知识来集中分析你的建议，而不是让这个过程成为"去往艺术部门的集体郊游"。这类的集中分析和你的客户提出合适的反馈是有关的。虽然他们有自己的偏爱，喜欢黄色而不是蓝色，但他们的主观偏好并不重

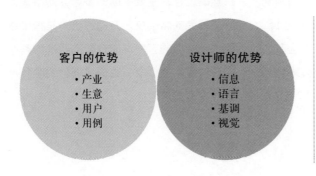

图9-2　客户和设计师在优秀设计作品的创作上都扮演着重要的角色。然而，每一方都有着另一方所不具备的优势和洞察力。因此，双方要认真考虑自身所扮演的角色，避免介入他人的领域

要。然而，他们对于用户如何对某一图像做出反应的理解很重要。你应该要求客户发现问题，而不是说出偏好。

关注提出的问题，给客户充分的机会让他们提出自己的见解。但是要阻止他们过分参与解决问题的过程，因为允许他们插手你的工作可能会让他们混淆自己的角色。如果他们认为该设计无法与用户引起共鸣，问他们"为什么"。因为图像不真实吗？或是因为标题过于理想化？还是因为

预期的信息在某种程度上太模糊？调查、促进、推动问题进展，了解哪里出现了差错，但要阻止你的客户去解决问题。你接到最糟糕的电话是这样开始的："能否把文件的副本发给我们，我们自己可以用Photoshop 做些改动？"你得想办法。你的客户会告诉你它们为什么不可行。接下来你要修正设计路线，并提供修正方法。如果你们清楚地明确和坚守了双方的角色并且保持如此，这会是很简单的关系。

编辑工作

优秀的设计师除了擅于创作，还要精于编辑。你受过这方面的训练，要将精力集中于确定需求、研究细节（例如纸张、字或讲故事的方法），以及分析可行性。这样，你就没必要要求你的客户围绕在你周围同你一起工作，与你共同做决定。

想象一下，你在一个小餐馆吃晚餐，厨师让你试吃三种不同的意大利面，并让你选择你最喜欢的。虽然一开始这会让人感到愉快，但最终这种愚蠢的行为会让人厌恶。如何煮面条那是厨师的工作，你认为他自己能够做出这样的决定，而你只需享受美好的晚餐。

设计师的工作也是类似的，虽然设计师的工作更加个性化和合作化。你被给予信任，去创作一些作品以带来某种有意义的改变。你的设计可能会帮助客户销售更多的产品，完善品牌故事，或改变受众对公司的看法。虽然你需要在一个受尊重和包容的环境里工作，但你始终不能忘记最后的目标。

想法是廉价的，因为会有很多想法，但合适的想法却不多。你的工作是冷静快速地去除那些不足以及不中用的选择。你可以做出这些决定，因为你受过相关的训练。你应该知道不同纸张的特性、不同字体的功能以及最适合在网络环境下召开的会议，这些判断不应是你的客户要做的。

充分发掘手边的各种可能性，在心里考虑符合客户最佳利益的每项选择，然后提供给他们唯一最适合的选择。如果这项选择对客户不起作用，你要再次回到公司，重新考虑你的选择。不要把这份工作推给客户。如果你能够去除不适合或不够好的选择，他们会很感激你，因为你为他们节省了有限的时间。

准备你的演示

向客户演示作品也许是设计过程中最关键的部分。不管你在发现阶段的工作有多彻底，你递送的计划有多坚实的依据，或你的执行有多明智，如果你不能从桌子另一边的人那里获得支持，你就完了，这个设计就泡汤了，你不得不回到起点。有时候，完全可行的设计遭受如此命运就是因为糟糕的演示。

许多人认为小组演示是最让人头疼和焦虑的事情之一。虽然这些反应是完全可以理解的，但它们是可以被克服的。最终，你会像我一样了解到，只要准备充分，演示工作就会很容易。这样，你会获得信心，从而熟练地演示作品。

多年来我看到很多人完全搞砸了演示。有时这种糟糕的场面颇为壮观：多媒体停止工作，演示加载失败，或演示人员的水洒满了桌子和文件。每次，我都在头脑中告诉自己要尽力避免成为"那个人"。

当你考虑到每个需求以及准备好应对可能出现的失误和意外情况时，在客户面前演示作品就会非常容易。事先安排好演示时间，弄清楚都有谁会参加，同时挑选一位团队成员与你一同入席，在日历上记录约定的时间，在会议前几天设置闹钟，在会议的前一晚确定所有的文件都已准备好。如果你到开会那天还没有完全准备好演示的内容，肯定会有一些意外的情况发生，即使准时开始，演示也会变得很仓促（这会引起完全没必要的恐慌）。

简单排练一下你的演示，确保内容流畅。为自己测定时间，确保你在会议快结束前有足够的时间来回答问题。为会议准备一份检查清单也是很有帮助的（见图 9-3）。从你的笔记本计算机、显示器电源到演示遥控器，确保你需要的所有东西都在旁边以准备随时使用。带些水以防声音嘶哑或嗓子干渴。同时，以 PDF 格式在 U 盘上存储演示文件的备份。在最糟糕的情况

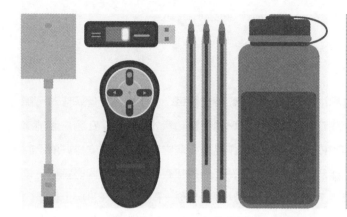

图 9-3　为演示工作创建一个标准检查清单：接收器、遥控器、U 盘、笔记本、笔、水，以及其他你能想到的东西

下，你可以使用客户的投影仪播放自己的 PDF 文件。

不管你做过多少次演示工作，都可能会出现差错。预定好两个房间，以备你的笔记本计算机和客户的幻灯机不能很好地协调工作，或者百叶窗被卡住。提前 20 分钟到达，把你的材料有序放好，和早到的人闲聊一会。如果你想过几分钟后再演示，打电话说明一下。如果你还没有做好充分的准备，就重新安排会议。你的客户宁愿等待几天也不愿你急急忙忙地做一个不完整的演示。

在 smashLAB，我们要和一些远程客户合作。给这些人演示作品肯定会更困难一些，因为当你不能使用双手指向屏幕，看不到与会者对你所说的话如何反应时，传达想法就更困难。鉴于这些挑战，我建议尽可能简单地向远程客户群体演示作品：用标准的固定电话进行电话会议，因为传统的电话通常要比 VoIP 呼叫更可靠些，然后使用屏幕共享服务，当你的客户从他们的位置观看时，共享服务可以让他们看到整个幻灯片的放映过程。检查一下他们能否听到你所说的话，问一下他们能否看清楚你的材料内容。

跳过"惊险的"揭幕

广告人最重要的表现就是揭幕的那一刻，因为这个事件标志着重要的时刻。在这一时刻，他们以自己能力积累的财富去做美好的展示。华丽、自大、有风险的唐·德雷珀（Don Draper）式揭幕是完全没有必要的（见图9-4）。如果演示人员做得好，客户会竖起大拇指，设计师便可以继续推进此创意计划，如果演示人员没有得到认可，那么设计师就要一无所获，空手而归。

"设计方法"不是魔术，也不是激动人心的时刻，更不是获得的荣誉。优秀的设计不是演绎，它也不会从毫无意义的情节中获取利益。相反，设计是不间断的演进过程，从一开始，客户就需要积极

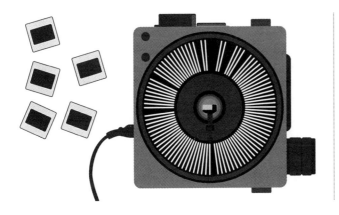

图9-4 《广告狂人》（Mad Men）的观众都陶醉在唐·德雷珀关于幻灯片放映机不仅仅是一个轮子的解释，电视机的诞生也源于此，但这样的戏剧化表演在现实世界中是危险的

参与进来。如果你能够定期地向客户充分、清晰地展示你的设计材料，你就会得到客户持续的支持和信任。通过你的努力，以及表现得像一个专业人士而不是一个演员，你会避免很多代价巨大的失误和挫折。

和你的客户保持联络，并定期做记录。利用会议和文档来说明你帮助他们做的工作是不断演变的。这样做，你可以为你的客户提供机会，让他们可以在早期就提出他们关心的问题，也可以让他们帮助引导整个设计过程。对于你给他们展示的东西，他们不应该再感到惊讶，这没有什么好奇怪的。你所展示的应该是这一过程中另一个合乎逻辑的步骤。

如何做演示

在会议一开始，说明一下你将要讨论的内容，以及希望从会议中达到什么目标。把要展示的关键部分列出大纲，在幻灯片上创建相应的标题，这样参会者就会了解你的演示大概需要多长时间。将自己要传达的内容牢记于心，自信地阐述你所坚信的规划和工作，遵守一定的格式和时间。让所有的与会者在演示结束后再提问，这样演示就可以顺利准时地完成。

在演示过程中，让大家知道你讲到哪一点了，并再次向他们保证你会准时完成。尽管应该避免偏离你的演示，但你也要关注听众，留意他们的奇怪的反应或表情。如果会议室里有人看起来需要你的关注，暂停一会，看一下出现了什么问题，但不要

花太长的时间，快速强调一下这点即可。如果你说错了什么，那就承认自己的错误，直面应对（也许可以用一个小玩笑），然后继续演示。你有很多要说的内容，不要让一个小小的失误阻碍你的演示。

在向客户演示作品时，一些人努力展示他们最好的一面。他们穿着和平时不一样的衣服，使用新潮语言，用着他们从未与同事交谈过的方式。我建议你像平常一样就可以了。着装得体，不要太夸张（没人要求设计师必须穿西装、打领带）。清晰地并以一个合适的语速讲话，避免装腔作势。集中注意力把你的意思表达明白，确保会议室里的人能够明白你要达到的目的。

避免客户对创意作品提前做出判断

在演示之初，重申你的目标、任务和创意简报。尽管客户更愿意看到视觉例子，而不是听你谈论自己的想法，也不要顺从他们的意愿。如果你过早地展示视觉效果，客户给出的反馈可能会偏离目标。

用你的幻灯片来有条不紊地引导演示过程，一点一点地给出你要传达的信息。把所有的印刷材料和讲义都放在你的包里，直到你演讲结束再分发出去（如果一开始就分发出去，与会者将会立即翻到作品样本，将注意力从你的演示中转移走）。只有参会者准备好并了解了演示的内容，你才可以展示创意作品。当你在演示的时候，不要着急，等待客户提问题，并在继续进行演示前解决他们提出的问题。

同时利用远程演示来延伸这种控制。首先，打电话；其次，共享大屏幕，并主持会议；最后，在你完成演示之后，通过电子邮箱发送文件。如果你能够让每个人都理解你的逻辑，那创意样品就不会让他们感到很惊讶。你演示结束后所提供的文件应该提醒利益相关者此次的会议讨论，甚至让他们很愿意接受你的计划。

向大型机构演示创意作品

当你为大型机构服务时，你需要考虑如何让每个人都参与进来。可能你会和客户团队成员一起工作，并要获得他们的认可。他们不会对所有员工开放这个过程，这样做会在项目开始前妨碍项目的进展。然而在某些时候，你需要为其他员工提供新的方向。做事的方式要谨慎对待。

几年前，我曾与一个公司的内部营销团队一起工作，他们对与我们一起取得的进展很激动。他们无法缓和自己的兴奋，于是他们收集好未完成的材料并带去酒吧，和全体人员一起讨论（主要由科学家组成）。然后他们把材料扔到桌子上，问他们的同事如何看待新的前景。我相信一堆疲倦的、喝多的科学家们会把所有的事情都变成一个笑话。直到他们喝完最后几瓶酒时，项目材料放在桌子上，如同没有生命的躯壳。

首次展示也可以很完美。最近，我们的一个客户在此取得了很大的成功。为了得到公司其他人员的认可，客户方的合作伙伴向各部门领导都做了演示，并得到了他们的支持。然后他们把公司所有人组织到一起吃点心，开集体会议，在这期间他们提出了设计方案。他们回顾了我们所经历的过程，仔细地解释了我们做出的决定，然后展示作品。公司里的每个人都同意了我们的计划，然后他们向外部相关利益者展示设计作品，最后向大众展示。

在大型项目上，要和你的客户共同来确定如何向那些没有参与创作的人展示作品，这一点非常重要。决定哪些小组必须参加，需要传达什么内容，以及你要阐述的计划和设计的顺序。同时，预料如何回应潜在的反对。当创造性工作出现问题时，那些感觉自己被排除在外的人的好感很难被争取过来。你需要花些时间来调控一下期望以及展示工作的方式，这样会降低失败的风险。

记录规划、想法和设计

好的记录可以解释你做出某种决定的原因，也可以让客户细致地查看你的规划，并向你的客户再次确保所选择的方向都是合理的。这些材料也可以帮助你向同事和参与此项目的第三方传达设计方向。我花费了很多时间来记录设计。当我需要勾画出企业形象标准的使用时，这种任务会在项目快要结束时进行。虽然大多数情况下，记录会随着过程不断变化，但我会不间断地记录设计过程。

记录不必太花哨。你的记录仅仅是要表达你的想法。如果在整个设计过程的每一部分（如发现阶段、规划阶段和创意阶段）建立了标准文件（模板），你只需把每个新项目的细节填入空白处。这真是节省时间的方法，你可以保留精力研究战略，而不是反复思考如何以最好的格式来记录。

考虑一下使用哪种设备来展示你的工作。大多数时候我使用幻灯片展示，因为它的格式简洁，并且很容易分享。此外，在演示工作结束之后，我通常会为幻灯片再创建一份 PDF 文件，以提供给客户做进一步的审查。在设计过程中，我唯一不能在幻灯片上总结的是用户体验。线框图和网站地图要求采用不同的格式或打印输出，以方便审查。同样地，打印输出的内容策略会起到很好的作用，因为它包含着更多的详细信息，而其在之后会不断用到（见图 9-5）。

本书中建议的大部分做事方法主要针对大型项目。但只要你能明白"设计方法"的各个阶段和相关任务是如何联系到一起的，你也可以在较小的项目上改变流程。另外，你可以根据自己的资源来决定项目的大小。如有必要，截掉一部分，或者若有可能，将其合并成一个单一文档。你不必处理文件资料里的所有细节；只要确保已涵盖了可以把工作做好的所有部分。

创建一个全面而简洁的文档。这方面你做得越好，客户阅读这些材料的可能性就越大。除此之外，像往常一样，要避免使用

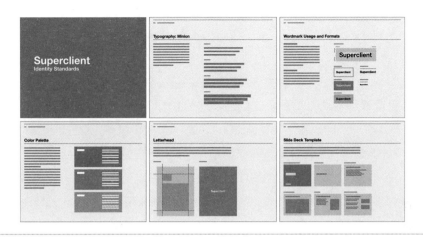

图 9-5　有些文档创建起来很麻烦，如标识标准，但它却给客户提供了一个更易管理的方法，来确保你所创造的设计很容易使用并很有效

术语。你写的所有内容都应该意义明确，或者避免使用让文档模糊不清的词语。你可以使用项目符号逐条列出内容要点，这样既节省空间又能有效传达概念。另外要记住，有些人不会出席所有的会议，因此写一些简短的方案来介绍文件材料中的部分内容，说明你要展示的内容以及这些内容为什么重要。检查所有的文件，并考虑其内容对于一些从未参加过早期会议的人是否足够清晰。

接下来

一个有组织和有驱动力的设计公司可以让你的设计过程获得成果、盈利和成功。在本书最后一章，即第 10 章中，我会推荐几种让你的工作室高效运行的方法。

10

第 10 章

The
Design Method

创意实践，
并然有序

不管你是自由职业者还是设计公司的老板，设计过程的质量都和你管理业务的方式密切相关。在所有的工作习惯中，通过将秩序标准程序和良好的业务管理整合起来，你便能传达出一致的结果，并提高效率。

你是专业人士还是业余爱好者

虽然对于"专业"这个词有很多种解释，但我相信这个词暗含着责任。不管有多难，专业人士都应把他们对工作的要求放到个人欲望和个人倾向之前。他们获得了技能，学会了如何管理自己的设计过程，并有效展开自己的业务。

许多自由职业者和设计公司负责人把他们的设计工作当作一种爱好，他们热爱设计，却错误地认为他们可以避免经营业务中的所有任务和要求，他们承担着不可能盈利的项目，他们像对待朋友一样对待自己的员工，他们忘记及时收缴欠款、账单，忘记查找不负责的客户，忘记考虑工作效率。然而，要想成功经营这个生意，你需要采取果断的行动，有时还要执行不喜欢的任务，否则你的业务就会有风险。

不管你是一名自由职业者还是一家大型设计公司的负责人，你都需要在各个方面力求专业。虽然你热爱自己的工作，并想尽最大的努力做好，但这并不意味着你或你的公司就可以成功地处理任何事情。你需要准时提交作品，而你的客户现在也应该获取到相同的经验，就像他们一年前得到的一样。记账、活动报告、项目文件以及所有那些看似枯燥的任务，你都应该同样严肃对待，就像你做其他任何事情一样。

职业设计师的一切要有序

本书的基本主题就是有序。有序可以让一个设计对于用户更直观，有序可以让你不断地做出有效的设计，有序可以让你的客户知道他们找到了优秀的设计师，有序可以让你的公司财务良好运转。

当我在看许多其他设计师的作品时，相对来说，我觉得自己创作的作品太普通了。我不会采用复杂的处理方式，除非确有必要。我不热衷于找寻"超级想法"，也没想让他人赞叹我的视觉智慧。我总是选择合理的方法而不是短暂的潮流，并且我坚信，人们需要的是设计师的鉴赏能力、发现能力以及创造秩序的能力。

在你的工作环境中找到秩序也很重要，因为它会影响你的思维方式和处事能力。你需要打造一个不容易分散注意力的工作环境，并要有利于你专注任务。清空你的书桌，仅留有计算机、手机、纸和绘图工具。不要在公司中摆放活动人偶、泡沫球和一些可爱的装饰，这些小玩意对于

改善你的工作方式没什么作用。如果你有额外的空间，再买一些办公桌或工作台。买一些普通的白色桌子，你可以把它们拼到一起，这样你可以有足够的空间来工作。在你存档的一些文件夹中储存项目草图和笔记，以备你再次需要它们。在每天工作结束的时候，收起你的工具，这样你在第二天早晨就有一个干净整齐的工作空间。你所需要的就是一个工作台和一些工具。没有其他东西的干扰，你就可以把所有的精力都放在创作上（见图 10-1）。

在你的工作环境中，各种活动或是做事方法要有序，有序会有助于你进行可靠的设计实践。客户想要知道你所创作的设计是经过深思熟虑、合适且有效的。他们需要确保在给你打电话需要你时，你能及时提供帮助。当你工作随意，不能找到重要文件，担心不能支付你的账单，或是不能和团队成员以及合作伙伴一起高效工作时，

你的饭碗也就快保不住了。

就像你为客户创建秩序一样，你需要在你的工作方式和工作环境中建立架构。你要考虑公司经营、流程，甚至是你保持的内部管理惯例。经营良好的公司配上好的流程，你就可以为客户提供好的作品和服务，提前从一名业余人士成为一名专业人士，或许甚至会成为大师。

图 10-1 我建议移走你办公桌上的所有东西，除了必要的物品。干净有序的工作空间比凌乱的环境更能让设计高效地进行

定义流程制度

在第3章中，你了解了系统思想对于创作优秀设计的必要性。现在你必须执行流程制度来帮助你有效地提高工作效率。不幸的是，我不能为你指定完全的方法，相反，我会指出几点让你来考虑，并提供一些重要建议。在工作中使用的系统，与你的工作方式、项目以及你与客户的关系都要有所关联。

虽然你的客户会将重点放在大致的设计处理方式上，但是一些小问题就能破坏你们的合作：符号有误，忘记进行拼写检查，或是没有指定文件的打印量。当这些看似微小的问题被忽略时，它们会导致重大错误，足以惹怒你的客户，甚至让你看起来完全像个业余人士。

实施流程制度会最大限度地减少尴尬事件。此外，当需要做出变化时，你可以通过这些方法迅速回应。当工作只有一种方

式行得通时，培训新员工会有所帮助，这也使得团队的任务更简单些。

流程制度可能会涉及电子表格的开发，而它包含着你所有的报价。你和你的同事就可以依靠它来统计过去的成本、决定付款方式，并确保你的定价和其他项目是具有可比性的。其他流程制度可能包括建立时间跟踪程序、开发标准合同和意见签发表以及安排支付的通知，还可能包括进行日常备份以避免硬盘驱动器故障时丢失文件。

对于每一项工作，保持相同的流程会帮助你和你的公司顺利运行。即使你是一位独立工作的自由职业者，有组织的行为也可以提升效率。研究适合的方法，探讨如何执行这些方法，并记录下来。如果你在设计公司工作，就同员工及合作伙伴一起回顾这些方法，这样每个人都可以从中受益。

复制成功的流程

最重要的是，在你第一次的尝试中要做好一些事会花费很多时间，因为你要区分出什么有效，什么无效。只有反复地尝试可靠的和正确的流程，你才可以获得效率，并创作出质量有保证的设计。

"重复"是许多设计师不愿意做的事。相反，他们希望每个项目都是全新的、有趣的和值得探索的，然而这种欲望和坚持踏实地做设计相冲突。因此，最好能让实践中的每个过程、形式和作用都模式化，这样你就可以建立一套工具，以便在每个项目中使用。

当你通过核心规划文档来建立模板，这些文件很容易采用标准顺序和格式。这样做的好处是，你将不会错过规划阶段中的任何重要部分。对于一些与你的业务类型、公司理念和客户有相同领域的提议，你也可以建立模板。时间表和成本分析，以及预计的项目限期和时间节点，或许还有你的标准工作阶段等，都有助于建立模板。

除了这些推荐，你还可以建立一个带有电子信头和企业预设风格的 Word 文档资料库。将电子邮件签名标准化，这样当新员工进入公司时，他们的通信形式就能和公司的其他人保持一致。规范你的合同与政策，以确保无论何时在运作中出现变化时，你都可以很容易地找到并更新文件。

同时，规范请求印刷报价的形式，不仅会提高你的询价效率，并且确保你涵盖了所有细节，包括印刷数量、大小和纸张等。此外，还需留一些空间来记录提供文件的方式、需要接受的校样、已完成的印刷品应该送到哪里，以及谁承担这些花费。

创建包含用户体验元素、线框图和常见项目符号的资料库，以便它们在未来的项目中可以被随时使用。做一些努力来优化你的公司和工作流程，你的工作就会更高效，并可以为你的客户实现高质量的设计。

会议与商谈

说实话，我不喜欢会议，也希望永远不要参加会议。然而，我对会议的鄙视却不能改变定期交流的必要性，尤其是与那些朝夕相处的同事定期交流。

设计过程涉及许多决策的制定，要记住所有的要点并决定哪些要点需要传达给同事是很困难的。大多数时候，只有当你要和项目中某一位同事接触时，你才会对那人简述所发生的事情。然后你会被迫说起过去几个月的工作、做出的决定、独特的情况以及客户喜好，所有这些信息都要传达。奇怪的是，你会忘记一些关键点或是只想让那个接受信息的人淹没在信息的海洋中。

当你把一个新同事介绍到项目中时，安排定期对话和非正式的聊天可以缓解压力。熟悉客户和项目需要时间，所以，随着工作的进行，你要及时告诉同事关于客户的信息，而不是在时间紧凑的商谈中把这些信息强加给他们。这样当你讨论项目进展时，你的同事就会很熟悉项目，并会加以注意。他们甚至会在你期望得到帮助之前伸出援助之手，因为他们知道你需要什么。

每周一早晨留出 15 ～ 30 分钟（可能的话再少一些时间）来讨论公司的活动、新客户与项目进展。在每周的开始，员工通常感到无精打采，而快速强力的启动可以给他们注入能量。你不必为这些会议花太多精力，编制一份正在进行的项目清单就可以了，然后让房间中的每个人说明他们将如何推进工作。这样做会帮助你提前找出障碍，并确保所有人知道项目的现状和接下来要做的事。

在 smashLAB，我们也享受着非正式会议所带来的益处。当每个人传达关键信息时，这些简短的常态性会议可以为团队服务，使其有序统一。在项目进行过程中有需要时，你可以开一个简单的会议，也可以根据项目进展提前安排好会议时间。例如，当完成发现阶段并且用户体验设计也完成时，让开发人员和设计师同信息架构师和分析师进行沟通很有必要。这样你就可以确定项目中的棘手问题，然后做出调整。其他各方也可以仔细考虑他们所听到的意见，并在他们负责的那一部分开始时做好准备。

一些侧重于管理的机构似乎偏爱举行长时间的会议，而有人公开对这种趋势做出回应，谴责这些会议，认为所有这些会议都应该取消。这两种做法都很极端。要让一个设计公司顺利运行，运营公司的人需要知道都发生了什么。保持持续的对话，利用会议和商谈，在适当的时候可以促进这种意识。没有必要减少或夸张这些会议。你的目标是建立一个好的、全面的工作系统。

工作流程中的任务传递

建立一个工作流程的目的是防止任务从手中溜走。大多数设计公司都非常繁忙。有时，一些需求会导致在管理承受范围内增加更多的任务，从而需要雇用项目经理来保持机构运转。虽然这种解决方案不错，但它也有缺点。第一，如果你的机构规模较小，这额外的薪水可能会增加你的开销，让你的预算变得紧张。第二，雇用新人，并让其快速成长可能会是一个艰巨的任务。

作为一个小公司，我们不得不寻找其他方式来处理数不清的任务。我们的战略的一部分是让公司的每个人都彼此坦诚相见。开始的时候，员工很难遵从这个想法。设计师喜欢戴着耳机工作，这样免于受到打扰。改变这种习惯需要一些时间，但最终我们会看到设计师拿把椅子坐到开发人员旁边，与其详细地解释画面上可能没有传达出的要点。

我们把这种战术叫作"传球"。这背后的逻辑是，如果我把任务转交给你，我就不再管理这个任务了。一旦你收到这样的消息，这个任务就成了你的责任，如果你想从我这里了解更多信息，你需要让我知道。这种听起来过于简单的观念模式出奇有效，因为它从大家的回应中消除了模棱两可，并让所有的合作者去询问他们所需要的东西。这个方法允许你分派任务，然后继续下一个任务，而不用再持续地回顾这些任务。

当你没有确定任务，没有委派任务，也没有记录任务的完成，这时就会出现错误。你听过多少次这样的回答："我以为是你在处理！"系统不一定是复杂的才能有益，只要对于"如何在一起工作"达成一致就足够让你的设计公司比其他竞争者运转得更加顺利。

基本工具和技术

为了做好工作，我需要一些工具和技术。当然，硬件和软件是必要的，但是这些要求都是很明显的。那些让我可以管理工作的方法和工具包括：可复制的演示文稿、集中回复邮件以及标准工作文件夹。我们公司的每个人都使用这些系统来简化协同工作。

每个同事也需要保留某种个性化的任务管理解决方案（例如事件、黑名单、任务草案）。当小任务出现时，所用的软件可以作为杂货箱来使用。如果有需要，这些任务可升级为共享文件夹或是小组任务区，并分配给适合的人。有地方记录任务和问题可以让你安心，因为项目的所有细节都可以安全储存，只要你备份好它们即可。

其他的工具和方法包括：

- 制作检查清单、确定分组和创造设备。
- 妥善保存笔记和联系信息。
- 共享电子邮件文件夹。
- 在服务器上为文件夹建立架构，并为项目编号。
- 构建健全的文件。
- 为文件命名并进行版本控制。
- 创建员工手册。
- 关注现金流。
- 审查预期项目和客户。

我会在以下部分来讨论这几点。

制作检查清单、确定分组和创造设备

用来创造和管理设计的工具与那些其他学科用来收集任务、分组行动和监控进度的工具并没有很大不同。尽管这些工具非常有用，但许多设计师还是没能好好利用它们。

检查清单可以确保所有的项目细节都已经被解决，或至少已经被仔细考虑过了。我们把检查清单作为工作即将结束时反复检查工作的一种方式，并确保所有的关键任务都已完成。对于设计工作来说，详细的

检查清单变得越来越重要，因为设计工作要持续好几个月（见图 10-2）。

确定工作阶段的分组涉及准确定位工作中所需要的步骤，这样做可以让你认识到一个项目是如何推进的，以及接下来的任务是什么。例如，你需要知道发现阶段在什么时候结束，规划阶段在什么时候开始。同样，你必须了解如何将策略结果与用户体验和规划联系起来，你同时还要认识到应该在什么时候开始内容创作。

确定你的任务如何分组这一简单行为将会帮助你计划项目、安排时间日程并了解进展情况。此外，花些时间来定义这些分组和相关行动，可使你在未来的项目中更容易地重复使用它们。每项工作都应该以

同样的方式开始，运行也要经历同样的阶段。这样做可以为客户提供更好的员工团队，报告更精确的资源，还能管理整体项目。

确定大体工作阶段之后，你可以创造一些能够用在不同项目上的设备，包括书面文档、图表、幻灯片和电子表格，它们可以总结要点，为创意概念和阶段总结设定阶段，甚至可以让客户自己提出计划。你的工作阶段可以提示你需要准备哪些文件，并且规范文件可以使它们的创建更简单。

一旦你创建了这些文档，你就可以在使用中不断地完善它们。使用这些文档可以提高你完成工作的速度，作为将来项目的框架，有助于你为客户提供从一项工作到另

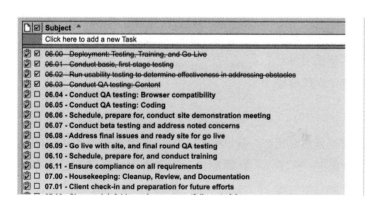

图 10-2　不要相信邮件（wetware）能够管理项目中一切零碎的东西。任务管理工具更加简单、更加值得信赖

225

一项工作流程一致的经验。

妥善保存笔记和联系信息

随着时间的流逝，你会积累一些非常有用的文件，而这些文件可能并不经常使用。但是当你需要这些文件时，你对它们的需求很强烈。为了可以立即找到这些文件，你可以把这些标准文档保存在一个固定位置。

有些公司使用内联网，还有些公司则在文件服务器上为经常使用的文件创建一个特定的区域。你也可以考虑使用 Wiki 工具（一种多人协作的写作工具）或群件（groupware）解决方案，如 Microsoft Exchange 或 Zambia。在你寻找适合的技术时，考虑一下这些内容你将会多久编辑一次，以及员工或同事怎样使用这一资源，考虑当你的公司有所变动时你将如何让文件保持更新。

在这些资料库中常见的文档可能包括公司简介、员工简历、视频编码标准、FTP 使用说明。也许也可以在一个固定位置保存你更新过的用户体验和质量测试过程。某些工具比其他工具功能更强大。也许你想要选择一个能够链接日历和日程安排的工具。这些特性可帮助你确定假期、记住重要约会和重复性任务，如保险和域名注册更新。

将所有的联系人信息和电子邮件集中保存是非常重要的。当你需要某个客户的电子邮件地址或是电话号码时，你可以通过计算机轻松地获取这些信息。不仅你的同事可以找到和检索这些信息，而且当细节信息改变和更新时，这些信息也将会是最新的。

共享电子邮件文件夹

有一款工具为我节省了很多时间，这就是共享的电子邮件文件夹。当问题出现时，我总是参考这些文件以核查我的行动，如报价是否准确，活动是否像承诺的那样已经完成。共享电子邮件文件夹带来的好处胜过种种不便。奇怪的是，我了解的设计师很少有人考虑过，甚至听过这样的方法。

依据你正在使用的群件或是电子邮件技术，你可以建立一个公共文件夹或是所有团队成员都可以访问的其他资料库。然后，你可以为每个客户都建立一个文件夹。之后，每个团队成员只需要将与工作相关的邮件传入和传出相应的文件夹。

将所有与客户反复交流的信息保存在一个地方，这样公司中的任何一个人都可以了解每个项目的当前状态，还可以允许你追踪客户的需求变更，并确认这些任务的完成（在会议期间我会做记录，并把它们也放入文件夹）。在 smashLAB，我们也会为记账、规划、人力资源和销售建立共享文件夹，但对于某些特定的资料库，只有具有相应权限的人才能进入（见图 10-3）。

各种协同工具与共享电子邮件文件夹有类似的效用，然而，电子邮件仍然是我的首选工具。每个人都使用，在文件夹之间移动电子邮件是轻而易举的，并且使用它工作也很容易，因为它适用于不同的内容和附件。也就是说，我鼓励你去发现任何对你的工作有用的技术，并在一个可靠的地方保存你所有的通信记录。我已经多年没有打开过文件柜了，但我却定期查看共享电子邮件文件夹。

图 10-3　和同事共享电子邮件文件夹可以让你快速掌握项目进展情况

在服务器上为文件夹建立架构，并为项目编号

当我在一堆难以理解的混乱的数字文件中找寻东西时会很让我受挫，尤其是在我赶时间的时候。事实是，你没有理由如此浪费时间。

我们公司所接手的每一份工作都使用文件服务器上相同的文件夹架构。在每个主文件夹中都有组织好的子文件夹，这样工作人员可以很容易地找到任何阶段和任何步骤的文件夹。这个系统节省了很多时间。如果我需要内容清单，没有问题；如果我想找到某矢量 logo 的最终版本，它就在那里。只需一次单击，在开始一份新的工作时，我们会复制已经建立好的相同的主

文件夹层次架构，并清楚地知道应该把工作文件放到哪里。

我们还使用一个独特的标识符号来给项目编号，它会从初步评估到账单系统全程跟随一个项目，甚至还会伴随与项目有关的每个文件。每次以同样的方式命名你的文件，并建立系统来确保每位团队成员都以一样的方式来做这件事。在文件名中包含版本编号以确保你一直采用的是最新文件（关于这点之后将进行详细介绍）。这会加快你的设计进程，因为你很清楚你的文件应该放到哪里（见图 10-4）。

创建分类是累人的工作，不是你愿不愿做，而是你不得不做。一旦建立一个清晰的架构，然后坚持使用那个系统，你的整

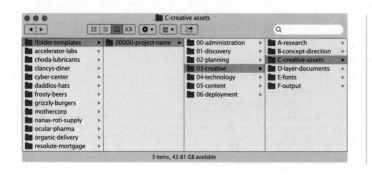

图 10-4　有了文件夹模板，你就可以快速地复制，并确保你的文件夹和文档架构总能保持一致

个工作流程会更容易推进。

构建健全的文件

健全的文件指的是结构高效、组织清晰，并且对于使用者简明易懂的文件。这有点像工匠的工作，他们要确保操作是正确的，并会尽可能把作品做细。他们会给每个部分都贴上标签以确保其能以正确的顺序组合。例如，木匠可以制造坚固的桌子、牢靠的椅子，还有不需填料和油漆来隐藏缺陷的橱柜。

有效的习惯在实体设计创作中也很有用。如果你从未和打印店或复印店的印前工作人员交谈过，那么把本书放在一边，去找他们吧。给他买一杯咖啡，问他和设计师一起工作时最让人沮丧的是哪个部分。找出破坏打印工作的缺陷。让他继续吐槽设计师制作的低劣文件。相信我，你会收获很多信息。

你的设计实际上就是你创作的文件。粗心制作的文件会减慢网站加载速度，导致印刷错误，并让你成为不受欢迎的人。你没

有理由这样粗心。从项目开始时，你就必须致力于创建健全的文件，不仅要有清晰的标记、有逻辑的组织，而且要节省空间（例如使用适当的压缩设置）。在你创建文件时做一些努力，这样当你不在时，你的同事也可以在你的文档中找出他们需要的东西，降低打印错误的可能性，同时也为你的公司减少相关的成本。这也会使你的IT人员不必定期升级服务器来处理你保存的所有大量文件。

为你创造的所有东西都贴上标签，并以逻辑方式为它们分组。整理一些文件里用不到的元素，如旧图层或错误的矢量点，删除这些多余的东西。检查你仅使用一小部分的全尺寸嵌入式图像，并把图像缩小。确定所有需要的字体都包括在内，链接的文件可以访问。如果有必要，在你的文件中做注释，以便其他人可以了解如何使用文件。

清理你的文件夹，避免复杂性。扫描容量太大的文件，尽量减小文件的大小，删除不使用的文件，其余的文件要切合实际地整理。压缩任何可以压缩的文件，并且你

要坚持把目前不使用的文件归档。如果你不在岗位上，那么你的同事应该可以找到你的最近的文档，并能够看懂，以便可以继续工作。

为文件命名并进行版本控制

适当的命名项目文件方式和确认每份文件迭代的方式可以帮助你更好地工作。每个人都有心病，我的心病就在命名文件。当我看到"FINAL"这个术语时，我就非常恼火。通常，他们用大写字母写这个单词，希望这个版本真的将是最终版本。他们准备好将文件交付印刷，并将文件命名为"FINAL.pdf"。

然而，一天过去了，客户打电话来要求做一些改动。设计师修改文件后便纠结于如何命名。因为上次文件的名字是"FINAL"，结果这次就成了FINAL-FINAL.pdf。第二天会发生同样的情况，所以他会把文件名字改为"FINAL-FINAL-FINAL.pdf"。随着时间流逝，有更多的改动要求，但却没有足够的空间

再去填满那个单词了。因此，他开始为各种各样的版本添加数字，如"FINAL-FINAL-FINAL-1.pdf""文件FINAL-FINAL-FINAL-2.pdf""文件FINAL-FINAL-FINAL-3-PRESS-READY.pdf"。（当然，你还能命名什么名字呢？）

然后，在文件交付印刷的那天，设计师生病了。一个接班同事打开工作文件夹，选出文件"FINAL.pdf"（因为文件名字毕竟就是"FINAL"），并把文件发送给印刷人员。真是时候！

适当的文件命名和版本控制是保持高效有序的工作流程的关键。所有员工都必须遵守这些命名系统。在smashLAB，我们的命名系统会简洁地标识项目及其当前状态。它的基本结构是作业编号、作业名称、修订版、迭代版次、扩展名。这样，文件名可能看起来像这样：54298-sportco-race-poster-03-11.indd。作业编号会告知设计师，他们找到了正确的项目，而且名字会有助于确认文件内容。第二个数字代表第三轮的客户修订，第三个数字表明这是文件迭代的第十一次大量

修改。也就是说，这是我为客户做的第三个版本，但我对这个特定文件修改了十一次。如果有必要，这样的版本控制能让你找到此文件较早的状态，这可以让你真正安心。

记录文件的日期是完全没有必要的，因为这个信息已经储存在文件的元数据中了。客户的名字也不需要记录，因为在文件服务器上我们已经保存了那个客户的文件夹。如果某个文件放错地方了，我们可以通过作品编号来搜索整个服务器来找到它。我们能知道用什么文件，在哪里可以找到，并可以通过文件名字确定项目的进展。文件命名、版本控制，还有新员工需要学习的其他重要工作流程，在我们的员工手册里都有说明。

创建员工手册

规划你可能要在公司实施的系统和标准程序是一回事，而教导你的同事使用这些方法完全是另一回事。通过创建员工手册，可以帮助你和同事共享一套工作习惯。

一些机构喜欢使用实物手册，在新员工进入公司时提供给他们。但如果有一些变化时，他们需要将内容添加进去，并重新打印。然而有一些机构会使用 Wiki 或内部网，因此手册可以实时更新，有需要时，可以每天补充内容。不管你采用什么方法，请把手册放到员工容易找到的地方。

手册对于新入职的员工非常有用。因此，你也想要把一些关于公司的信息包含进去，包括公司的历史、使命、哲学和文化。然后确定适当、独特的政策，它可能会详述你对员工的期望，如何与客户交流，以及设备的使用指南。

概述你的方法也是有益的。付出一些努力来讨论你采用的方法和坚持的流程，并说明在公司可以使用的设计资源。定制这本手册也让你可以回顾文件夹分类系统、文件命名标准和管理事务。除此之外，还有员工需要参考的其他问题，如人力资源问题、休假，还有你提供的福利。定期更新这些信息，并把这些信息放在一个固定的地方（见图 10-5）。

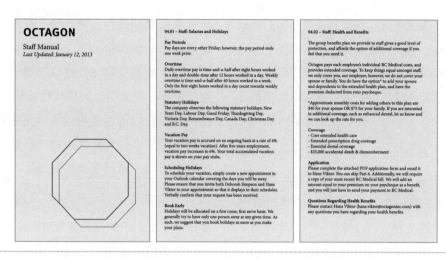

图 10-5 一份员工手册（打印的或是电子的）可以确定标准的工作流程、期望，以及对你的公司至关重要的其他细节

培训你的同事采取良好的工作习惯，给他们提供质量体系以及一个积极友好并具有挑战性的环境来创作，这会有助于促进成功业务的增长。但是如果你管理不好你的现金流，你所有的努力将会是徒劳的。

关注现金流

很少有设计师喜欢管理资金和记账。虽然对枯燥的数字和账簿的厌恶是完全可以理解的，但是如果你让财政处于无序状态，你的公司业务在将来就会有风险。如果你不想处理这些业务，那就雇一个会计来帮助自己。但是，即使是这样做，你也要抽出时间来查看并掌握公司的财务状况。

长时间以来，我想知道的就是生意很好还是要破产了，我对其他任何事情都不感兴趣。但是这种态度是愚蠢的，不幸的是，这种态度很难改变。虽然我对公司业务相关的财务细节不感兴趣，因为其他人能更好地处理此类事情，但是有一些文件我还是需要查看的。

使用电子表格，可以规划未来几个月大量涌入和流出的成本。会计系统可以让我们清晰地看到在银行里我们有什么，有多少应收款项，以及是否有资金短缺情况的出现。此外，它也会计算目前在项目上所花的工作时间，以便我们衡量计费效率，并决定是否要加快某些工作。

查阅这些文件大约需要 15 分钟，每周一次，从这些文件中我们可以评估公司的财务健康状况。根据结果，可以知道我们是否应该做更多的电话销售，是否需要增加员工，是否要催促客户支付大笔款项，或是在经营业务上做一些改变。

你要付出时间定期给客户开账单，按时支付账单，准备发票或是看谁可以做这份工作。忽视资金流的人将失去他们的设计业务。同样，你选择合作的客户对你的成功有重大影响。

审查预期项目和客户

打电话来问价的人有很多，而最终达成合作的却极少，这是众所周知的事实，但不要将其作为衡量自己工作水平的标准，其实只要找到适合你的工作就行了。鉴于你的业务成本，一些预算会不太充足，而另一些预算也许又超出你能处理的范围。此外，很多潜在的工作并不是你有所付出就会有回报。

许多变量影响着预期客户是否是合适的客户。你可能会花费大量精力来追逐你得不到或不应该做的工作。创业的头几年没有工作可做，这让你很焦虑，以致你会去追逐不该做的工作。然而这种坚持不会持续很久：你花了三周的时间来准备一份提案企划书，却发现这一提案企划书已被取消了；或花了数月时间与一个客户沟通，结果却发现这个客户没有可用资金。这时你就会学到一些东西，放弃工作没有什么错。事实上，选择会给你力量，因为它会帮助你接触好的客户，而且你们的合作也会给他们带来益处。另外，当你说"不"时，表明你并没有不顾一切地要得到这份工作。

建立一个流程来帮助你判断选择与哪个客户合作，你可以为所有打进电话的潜在客户们准备一套共同的问题。把这些问题分组可以帮助你决定是否就此打住还是继续进行。通过让客户描述项目、他们要解决的挑战和他们的机构，来获得一些背景信息。

然后问他们是如何找到你的，以及为什么他们认为你适合合作。问客户预算是多少，许多客户不会回答这个问题，因此可以通过要求大概数字来打探：25 000 以下，50 000 以下，还是 100 000 以下？不需要很久你就会心中有数了，他们也会变得焦急起来。接下来问一下关于项目时间表的问题。

如果所有的回答听起来都很不错，还要看看他们能否提供一个项目简介或是营销计划让你来考虑。了解他们的受众、竞争对手和市场地位，探查他们对此项目的目标，他们是如何衡量成功的。你还可以询问现有的品牌资产、功能要求、技术需要

以及内容的实用性。你努力工作就是为了得到这个项目的合理需求。

在交谈的最后阶段，问一些其他相关问题，这会帮助你更好地了解潜在的项目。比如，项目的相关利益者和项目决策者是谁？他们对设计有什么期待？他们是否曾经与其他机构或设计师合作过？如果有，为什么没有和他们继续合作？

你必须细心选择客户，因为他们会影响你的实践和设计。有些人适合合作，而有些人不适合。通过询问以上问题，你可以很快知道是否要进入下一个步骤，或是放弃，以便他们可以找到更适合的设计师。不管怎样，你都需要做记录，并在你的客户交流软件或是在客户关系管理软件上，将这些记录或讨论内容进行分类。最好把这些记录存放在方便的地方，以方便未来你回顾它们。

按时交付作品

你需要"交付"你创作的产品。设计工作常常被时间和实际限制所制约。在我职业生涯的早期，我曾抱怨通过这些限制，认为它们阻碍了我更好地完成工作。随着时间的流逝，我接受了这些限制，渐渐欣赏起这些限制：严格的时间限制意味着我们的客户会尽快做出反馈，我们也能更快地收到报酬。另外，有限的预算有时会考验我们在资源不足的情况下发挥创意。

专业设计师和业余设计师的区别在于，专业设计师不会让困难阻碍项目的完成。客户期望你能给出倾尽全力创作的作品。所以你要先理解项目的限制，然后工作，进而找到能满足用户需要的解决方法。

在项目上多给予时间会让你有一种虚假的舒适感，用很长的时间去完成工作会让你拖延工作。当你意识到你的时间不多时，会发现自己正处于紧要关头。长时间的项目的另一个挑战是对于士气的影响。几乎所有的项目在一开始都充满了兴奋感和各种可能性，而那些几乎不可能完成的项目

很难让人再感到兴奋。滞留的工作同样降低了收益的效率。在某种程度上，你需要"交付"项目，继续做下一个项目。

为了尽快交付你的设计，你需要反推出时间表。尽管准备起来可能比较费力，但它也会很有启发。反推时间表是指，通过看最终的作品和需要做的任务，然后为每项工作安排合理的时间。两到三个月完成一个项目似乎时间很充足，但你要考虑总任务量、等待支持、不断地修改、未预想到的拖延（如假期或者病假），还有其他的紧急项目。反推时间表粉碎了以上所有幻想，并表明没有时间可以浪费。

一旦你制定出了时间表，将它打印出来，贴在你的桌子上。完成一项就用马克笔把相应的日期划掉，用这个时间表推动你的项目不断完成。虽然制订计划并按照计划执行很单调乏味，但是当你发现由于它你有了很大的进步时，你会很满足。你越快地完成项目，客户就越满意。此外，你还能借此吸引其他新的客户。

精通技艺

许多人都有技艺，但是只有很少的人专注于精通技艺。大卫·贾伯（David Gelb）的2011年的电影《寿司之神》（*Jiro Dreams of Sushi*），记录了85岁的小野二郎（Jiro Ono）的生活与工作。这个纪录片展示了小野二郎和他的徒弟为了制作寿司而付出了终身的专注和持续不断的努力。在电影中，他的徒弟一度为了达到一种适合的柔软度而为章鱼按摩了45分钟。经过数月的练习，在他终于做好煎蛋卷时他哭了。他们并不关心头衔或者名声，相反，他们选择了他们的职业，并用一生不断去练就他们的技艺。

这部影片让我倍受鼓励，设计工作不是年轻人的领域，无论有些人多么天赋异禀。设计是一生的旅程，需要几十年才能做到精通。许多人不认可这个观点，但是各种可能性还是让人备受鼓舞的。无论你学到了什么或者你完成了多少项目，你仍然有无数的机会去体验、去成长。

每个人都会在某一刻江郎才尽。当你从事这一职业时，花点时间想想你为什么从事设计行业。我的直觉是你选择这个职业不是为了头衔、一系列的奖励或者得到总监级别的薪水。相反，你选择这个职业很可能是因为你想要挑战困难，探究各种可能性，然后用自己的双手去创造一些东西。当你有迟疑的时候，回想一下多年前你入行时所倾注的热情和激情。

不断地磨炼你的技艺。最后，这种练习需要不断循环的作用、细化并重复。不要想着完美、噱头或者你的同事在做什么。专注于你的客户、你的技能技巧，还有对精通的追求。这种谦逊的观点会帮助你拿出更好的设计，让你充满自信并获得成就感，这些不是俗气的奖品和奖杯能给你的。

我一度想要成为能做出抓人眼球作品的设计师。现在，我只想成为一名好的设计师，尽可能把技能练好。这样，我才能不辜负客户给予我的信任。我希望本书能够对你的成长有所帮助。

推荐阅读

用户体验要素：以用户为中心的产品设计（原书第2版）

书号：978-7-111-61662-7　　定价：79.00元　　作者：[美] 杰西·詹姆斯·加勒特（Jesse James Garrett）

　　从本书第1版出版到现在已经过去十几年了，它定义了关键的实践准则，已经成为全世界网站和交互设计师工作时的重要参考。新版中，作者进一步细化了他对于产品设计的思考。 同时，这些思考并不仅仅局限于桌面软件上，而是已经扩展到包括移动终端在内的多种应用及其分支中。

　　成功的交互产品设计比创建条理清晰的代码和鲜明的图形要复杂得多。你在满足企业战略目标的同时，还要满足用户的需求。如果没有一个"有凝聚力、统一的用户体验"来支撑，那么即使是好的内容和精密的技术也不能帮助你平衡这些目标。

　　创建用户体验看上去极其复杂，有很多方面（可用性、品牌识别、信息架构、交互设计）都需要考虑。本书用清晰的说明和生动的图形分析了其复杂内涵，并着重于工作思路而不是工具或技术。作者给了读者一个关于用户体验开发的总体概念——从企业战略到信息架构需求再到视觉设计。

点石成金：访客至上的Web和移动可用性设计秘笈（原书第3版）

书号：978-7-111-61624-5　定价：79.00元　作者：[美]史蒂夫·克鲁格(Steve Krug)

第11届Jolt生产效率大奖获奖图书，被Web设计人员奉为圭臬的经典之作

第2版全球销量超过35万册，Amazon网站的网页设计类图书的销量排行佼佼者

　　自本书第1版在2000年出版以来，数以万计的Web设计师和开发工程师都已经从可用性大师Steve Krug先生的直觉导航和信息设计原则中受益。这是一本在可用性领域颇受宠爱和推崇的书籍，幽默风趣，充满常识，而又超级实用。

　　现在，Krug先生再度归来，用一种新鲜的视角重新检阅了经典的设计原则，同时还带来了更新过的例子和整整一章全新的内容：移动可用性。而且，它仍然短小精练，语言轻松诙谐，穿插大量色彩丰富的屏幕截图……还有，更为重要的是，它还是一样令人爱不释手。

　　如果之前已经阅读过这本书，你会再次发现，对于Web设计师和开发人员来说，这仍然是一本非常重要的书籍。如果从来没有读过这本书，那么你会发现，为什么这么多人都在说，这本书对于任何从事Web工作的人来说都非读不可。